钒钛磁铁矿
烧结特性与强化技术研究

孙艳芹　刘小杰　张淑会　著

北　京

冶　金　工　业　出　版　社

2016

内 容 提 要

本书针对钒钛磁铁烧结矿低温还原粉化严重这一影响高炉冶炼的关键问题，介绍了对钒钛磁铁精粉烧结特点、钒钛磁铁烧结矿低温还原粉化机理、氯化钙抑制机理的研究。同时，介绍了为进一步改善钒钛磁铁烧结矿的低温还原粉化、还原和转鼓强度等性能，对酸、碱料厚料层混合烧结工艺进行的研究试验，为高炉高效、低成本冶炼钒钛磁铁矿提供了理论依据和生产参数。

本书可供钢铁冶金企业职工、冶金专业科研工作者、冶金工程相关的研究人员、研究生、本科生参考阅读。

图书在版编目（CIP）数据

钒钛磁铁矿烧结特性与强化技术研究/孙艳芹，刘小杰，张淑会著 . —北京：冶金工业出版社，2016.6
ISBN 978-7-5024-7242-9

Ⅰ.①钒…　Ⅱ.①孙…　②刘…　③张…　Ⅲ.①钒钛磁铁矿—烧结—研究　Ⅳ.①P578.4

中国版本图书馆 CIP 数据核字（2016）第 116879 号

出版人　谭学余
地　　址　北京市东城区嵩祝院北巷 39 号　邮编　100009　电话　(010)64027926
网　　址　www.cnmip.com.cn　电子信箱　yjcbs@cnmip.com.cn
责任编辑　杨盈园　美术编辑　杨帆　版式设计　杨帆
责任校对　李娜　责任印制　李玉山
ISBN 978-7-5024-7242-9
冶金工业出版社出版发行；各地新华书店经销；固安华明印业有限公司印刷
2016 年 6 月第 1 版，2016 年 6 月第 1 次印刷
169mm×239mm；12.5 印张；241 千字；189 页
38.00 元

冶金工业出版社　投稿电话　(010)64027932　投稿信箱　tougao@cnmip.com.cn
冶金工业出版社营销中心　电话　(010)64044283　传真　(010)64027893
冶金书店　地址　北京市东四西大街 46 号(100010)　电话　(010)65289081(兼传真)
冶金工业出版社天猫旗舰店　yjgycbs.tmall.com
（本书如有印装质量问题，本社营销中心负责退换）

前　言

钒钛磁铁矿是一种重要矿产资源，它既是铁矿的重要类型，又是钒钛资源的主要载体，往往形成巨大矿床，主要集中在俄罗斯、南非、中国、美国、加拿大、挪威、芬兰、印度、瑞典等国，资源储量巨大，达到 470 多亿吨，其中我国储量达 170 多亿吨，主要分布在攀西、承德、马鞍山地区。钒钛磁铁矿是以 Fe、V、Ti 元素为主，Fe、Ti 紧密共生，V 以类质同象赋存在钛磁铁矿中，是炼铁、提钒生产的重要原料，也是生产重要的战略金属钛和制造钛白粉的原料，具有很高的综合利用价值。

我国钒钛磁铁矿主要作为高炉炼铁的原料，回收铁和钒。钒钛磁铁矿属难选、难烧矿石，精矿的粒度粗，制粒性能差，烧结料层的透气性差，垂直烧结速度慢，烧结矿的成品率低。烧结原料的初始熔点高，生成液相量少，钙钛矿较多，而铁酸钙较少，导致钒钛烧结矿冷强度差、粒度偏小，高炉槽下返矿量大，还原粉化严重，使高炉块状带的透气性下降，造成高炉上部气流失常，技术经济指标变差，能耗升高，成本增加。这些问题随着高炉大型化而日益突出，甚至一些传统冶炼钒钛磁铁矿高炉转炼普通矿。

本书针对钒钛磁铁烧结矿低温还原粉化严重这一影响高炉冶炼的关键问题，介绍了钒钛磁铁精粉烧结特点、钒钛磁铁烧结矿低温还原粉化机理、氯化钙抑制机理和超厚料层烧结新工艺的研究。为进一步改善钒钛磁铁烧结矿的低温还原粉化、中温还原度和转鼓强度等性能提供了理论依据和生产参数。

在研究和编写过程中，吕庆教授、李福民教授、刘然教授、郄亚娜博士等均为本书做出了很大贡献，在此表示感谢。

由于作者水平所限，书中不妥之处，敬请专家和读者批评指正。

作 者

2016.2

目　　录

1 绪 论

1.1 钒钛磁铁矿基本情况

钒钛磁铁矿是一种重要矿产资源，它既是铁矿的重要类型，又是钒钛资源的主要载体，往往形成巨大矿床，主要集中在俄罗斯、南非、中国、美国、加拿大、挪威、芬兰、印度、瑞典等国，资源储量巨大，世界储量达到 470 多亿吨。

我国钒钛磁铁矿床分布广泛，储量丰富，储量和开采量居全国铁矿的第三位，已探明储量 98.3 亿吨，远景储量达 300 亿吨以上，主要分布在四川攀西（攀枝花—西昌）地区、河北承德地区、陕西汉中地区、湖北郧阳、襄阳地区、山东临沂、广东兴宁及山西代县、辽宁朝阳等地区。其中，攀西（攀枝花—西昌）地区是我国钒钛磁铁矿的主要成矿带，也是世界上同类矿床的重要产区之一，南北长约 300km，已探明大型、特大型矿床 7 处，中型矿床 6 处。钒矿资源较多，总保有储量 V_2O_5 2596 万吨，居世界第 3 位。钒矿主要产于岩浆岩型钒钛磁铁矿床之中，作为伴生矿产出。钒矿作为独立矿床主要为寒武纪的黑色页岩型钒矿。钒矿分布较广，在 19 个省（区）有探明储量，四川钒储量居全国之首，占总储量的 49%；湖南、安徽、广西、湖北、山东、甘肃等省（区）次之。钒钛磁铁矿主要分布于四川攀枝花—西昌地区及河北承德地区，黑色页岩型钒矿主要分布于湘、鄂、皖、赣一带。钒矿成矿时代主要为古生代，其他地质时代也有少量钒矿产出。

资料显示，河北承德地区钒钛磁铁探明矿量仅次于攀西地区，位居国内第 2位[1~4]。截至 2006 年底，承德市探明大庙式钒钛磁铁矿 38 处（中型 2 处，小型 36 处）资源总量达 3.57 亿吨，其中钒金属量 44.60 万吨，钛金属量 1535.36 万吨；超贫钒钛磁铁矿 54 处（大型 11 处，中型 3 处，小型 40 处），若以承德钒钛磁铁矿原矿中 $w(TFe)$ 20% 计，该钒钛磁铁矿中铁资源储量约 15 亿吨。按规划承钢 800 万吨/年的铁产量计算，预计可开采约 20 年。承德地区钒钛磁铁矿具有Fe、SiO_2 含量低，并含有一定量的磷，与攀枝花地区钒钛磁铁矿相比 V 含量高，TiO_2 低，综合利用价值高。这将提高我国铁、钒、钛、磷资源的供应保障能力，在很大程度上弥补我国钒、钛、磷资源的不足。承德钒钛磁铁矿资源储量及分类见表 1-1。

表 1-1　承德钒钛磁铁矿资源储量及分类　　　（质量分数/%）

钒钛磁铁矿类别	$w(TFe)$	$w(V_2O_5)$	$w(TiO_2)$	$w(P_2O_5)$	资源储量/亿吨
大庙式钒钛磁铁矿	21 ~ 38	0.30 ~ 0.50	7 ~ 9	—	3.57
含磷超贫钒钛磁铁矿	17 ~ 20	0.10 ~ 0.20	5 ~ 7	3 ~ 6	3.60
普通超贫钒钛磁铁矿	10 ~ 20	0.06 ~ 0.30	1 ~ 3	< 2	74.65

承德地区钒钛磁铁矿大多属超贫钒钛磁铁矿，为岩体型矿化，矿体厚大，主要为含磁铁矿的基性、超基性岩浆岩侵入体。全铁品位为 10% ~ 20%，磁性铁品位 $w(MFe)$ 为 5% ~ 6%，钒平均品位 0.02% ~ 0.3%，钛平均品位 1% ~ 6%，磷平均品位 2% ~ 3%，矿石易采易选，平均 10t 矿石可选出 1t 精矿，精矿品位可达 64% ~ 66%，目前承德地区由超贫钒钛磁铁矿生产的铁精矿年产量达到 1500 万吨/年。

目前我国攀钢、承钢钒钛磁铁精矿主要作为高炉炼铁的原料，回收铁和钒。由于高炉冶炼钒钛磁铁矿的特殊性，一些关键技术问题尚待进一步解决和完善，其中提高钒钛磁铁烧结矿的产量、质量是急需解决的关键问题之一。

1.2　钒钛磁铁烧结矿的性能

1.2.1　钒钛磁铁烧结矿矿物组成

根据 TiO_2 含量的高低，钒钛磁铁烧结矿可分为高钛型（攀钢）、中钛型（承钢）和低钛型（马钢），烧结矿的化学成分见表 1-2。

表 1-2　国内钒钛磁铁烧结矿的化学成分（质量分数）

厂名	$w(TFe)$ /%	$w(FeO)$ /%	$w(SiO_2)$ /%	$w(CaO)$ /%	$w(MgO)$ /%	$w(S)$ /%	$w(V_2O_5)$ /%	$w(TiO_2)$ /%	$w(Al_2O_3)$ /%	$w(CaO)/w(SiO_2)$
攀钢	47.85	7.38	5.71	10.12	3.08	0.035	0.40	8.85	4.26	1.77
承钢	55.09	12.15	3.32	6.43	2.63	0.051	0.75	3.40	2.89	1.95
马钢	53.28	16.54	6.22	11.63	3.08	0.078	0.42	1.32	2.00	1.87

钒钛磁铁矿烧结过程中的石灰石分解、铁氧化物的氧化及还原过程与普通矿烧结基本相同[5]。但由于钒钛磁铁精粉的烧结特性，其矿物形成过程（包括固相反应、熔体形成、冷却结晶等方面）具有自身的特点。

钒钛磁铁烧结矿和普通烧结矿两者磁铁矿含量相差不大，钒钛磁铁烧结矿中赤铁矿含量比普通烧结矿高出 5.31%，但其铁酸钙含量较普通矿低 13% 左右；玻璃相和硅酸二钙含量比普通矿高 1.5% 左右[6]。对钒钛磁铁烧结矿矿物组成和微观结构的研究表明，随着钒钛磁铁矿比例的提高，烧结矿中钙钛含量增加，铁酸钙含量减少。且骸晶与散骨结构的赤铁矿含量增加，铁酸钙的形态逐渐由针状向柱状、粒状转变；由于液相生成难度增大，脆性的钙钛矿含量增加，以及强度好的针状铁酸钙含量减少，使得烧结矿的成品率和转鼓强度随着钒钛磁铁矿比例的提高而降低[7]。

钒钛磁铁烧结矿的主要矿物组成有：钛磁铁矿、钛赤铁矿、铁酸钙、钙钛矿、钛榴石、钛辉石和玻璃体等。其次，还可能存在钙硅酸盐、钙铁硅酸盐、浮氏体、游离 CaO 和金属铁等[8~10]。

1.2.1.1 钛赤铁矿

钛赤铁矿是钒钛磁铁烧结矿的主要含铁物相之一，是钛铁矿—赤铁矿固溶体，除 Ti、Fe 以外，还有 Al、Mg、Mn 等元素固溶在其中。它一般出现在孔洞周边，或沿钛磁铁矿晶粒边缘，形成花瓣结构，有的占据钛磁铁矿立方体面呈网格状结构，有的呈板条状或片状独立存在。在一些氧化度高的烧结矿中，钛赤铁矿不仅局限在空洞和裂缝附近，而往往是大片出现，表明磁铁矿的氧化是在液相尚未完全固结时进行的。钛磁铁矿、钛赤铁矿是钒钛磁铁烧结矿的主要含 Fe 物相。

1.2.1.2 钛磁铁矿

钛磁铁矿也是钒钛磁铁烧结矿主要的含铁物相，是以 Fe_3O_4 为基的复杂固溶体，有 Mg、Al、Ti、Mn 和 V 等元素固溶其中。低温时保持原精矿中磁铁矿的颗粒形状，但其内部的网格状钛铁矿已转变成赤铁矿—钛铁矿固溶体。原矿中的镁铝尖晶石破碎，钛铁晶石消失。但内部网格状的钛磁铁矿已转变成赤铁矿—钛铁矿固溶体。在中等温度时，磁铁矿多数以菱面体和粒状形状存在，其边缘为钛赤铁矿的固溶体。在高温时，磁铁矿为连晶发育，有些同铁酸钙和钙钛矿形成连晶[11~14]。

1.2.1.3 钙钛矿

钙钛矿是熔剂性钒钛磁铁烧结矿中的主要含 Ti 矿物，其形态多以粒状、树枝状、纺锤状和骨架状零散分布于硅酸盐渣相中，或在钛赤铁矿和钛磁铁矿的晶间。最新研究表明钙钛矿并不属于黏结相[15]，主要是因为钙钛矿熔点高达1970℃，在冷却过程中首先析出，并被其他低熔点硅酸盐或玻璃相所包围，而且钙钛矿本身并没有黏结作用，即使可以在钛磁铁矿晶粒间起到某种"连晶"界面作用，但在外力作用下，极易受到破坏，因此，在烧结过程中，控制钙钛矿的生成，对改善熔剂性钒钛磁铁烧结矿强度有重要意义。

1.2.1.4 铁酸钙

铁酸钙的化学式一般为 $nCaO \cdot mFe_2O_3$，实际上其本身还固溶了一部分的 SiO_2 和 Al_2O_3。铁酸钙的形状有粒状、针状和柱状。由于其熔点较低，所以在冷凝时析出较晚，可同其他低熔点硅酸盐共同起到黏结作用。对普通熔剂性烧结矿，特别是高碱度烧结矿，铁酸钙是改善烧结性能的重要因素。对于钒钛磁铁烧结矿，它同样也是要求大力发展的矿物组成[16]。

1.2.1.5　CaO-SiO₂体系矿物

生产熔剂性烧结矿时，烧结料中的 CaO 与 SiO₂ 反应生成的化合物有：CaO·SiO₂、2CaO·SiO₂、3CaO·SiO₂，其中，2CaO·SiO₂ 是熔剂性烧结料固相反应阶段最可能产生的硅酸盐化合物。其冷却过程中将发生晶型转变，引起体积膨胀（由 β-2CaO·SiO₂ 转变为 γ-2CaO·SiO₂，体积膨胀 10%），结果导致已经固结成形的烧结矿发生粉碎[17,18]。

1.2.1.6　铁榴石

铁榴石是熔剂性钒钛磁铁烧结矿中常见的含钛硅酸盐矿物，化学分子式较复杂，熔点低，结晶晚，烧结矿中多呈粒状、浑圆状和树枝状集合体，对钒钛磁铁烧结矿起到一定的黏结作用。

1.2.1.7　钛辉石

钛辉石熔点较低、成分复杂、含钛的硅酸盐矿物。在熔剂性烧结矿中，常呈块状集合体、短柱状存在，填充于钛磁铁矿、钙钛矿之间，是重要的硅酸盐黏结相。

另外，在钒钛磁铁烧结矿中还存在有一定量的玻璃体。它属于熔点低凝固最晚的硅酸盐黏结相。其中含有一定量的含钛化合物，呈板粒状，性脆、还原性差，对烧结矿的冶金性能产生不利影响[19~21]。

1.2.2　钛在烧结过程中的行为

与普通烧结矿相比，钒钛磁铁烧结矿最突出的特点是存在大量钙钛矿，其外观与结构如图 1-1 所示。由图 1-1 可知，钙钛矿一般为立方体或八面体形状。微观结构是理想的立方结构，八面体略有扭转。钛离子处于立方晶胞体心，氧离子

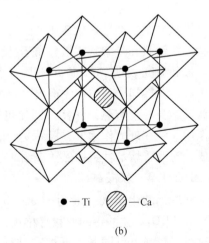

● —Ti　　◇ —Ca

(a)　　　　　　　　　　　　　　　(b)

图 1-1　钙钛矿的外观与结构

(a) 钙钛矿外观；(b) 钙钛矿结构

处于面心,钙离子位于角顶。钙钛矿立方晶体常具平行晶棱的条纹,这是高温变体转变为低温变体时产生聚片双晶的结果[22~24]。

钙钛矿熔点很高(1970℃),在冷却过程中最先析出,且被其他低熔点硅酸盐或玻璃相所包围黏结,它本身并无黏结作用。即使它存在于钛磁(赤)铁矿晶粒间起某种"连晶"界面,但在外力作用下,此"连晶"界面也易破坏,使烧结矿强度下降。可见,控制和限制钙铁矿的形成,对改善熔剂性钒钛磁铁烧结矿强度有重要意义[5]。

钒钛磁铁烧结矿低温还原粉化除与赤铁矿还原成磁铁矿体积膨胀有关外,还与烧结矿中含钛化合物组成及性质有关。$CaO-TiO_2$ 状态图如图 1-2 所示[25],由图 1-2 可知,随着温度和 TiO_2 含量的不同,CaO 与 TiO_2 可以形成 $3CaO \cdot 2TiO_2$、$CaO \cdot TiO_2$ 和 $CaO \cdot 3TiO_2$ 三种化合物。CaO 与 TiO_2 比例为 $1:1$ 时,随着温度降低,在 1915℃时首先析出 $CaO \cdot TiO_2$,温度继续降低,分别共晶析出 $3CaO \cdot 2TiO_2$ 和 $CaO \cdot 3TiO_2$。

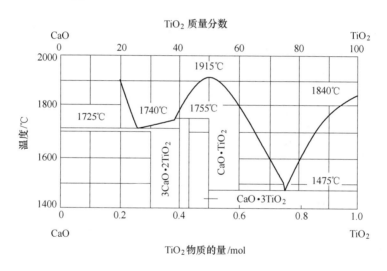

图 1-2　$CaO-TiO_2$ 状态图

根据热力学分析,CaO 与 SiO_2、Fe_2O_3 和 TiO_2 的固相反应可以生成硅酸钙、铁酸钙和钙钛矿。TiO_2 与 CaO 的亲和力大于 Fe_2O_3 与 CaO 的亲和力。钙钛矿在烧结过程中的行为严重影响到铁酸钙的形成,它们的生成自由能如式(1-1)和式(1-2)所示[26]:

$$CaO + TiO_2 \rlap{=}{=} CaO \cdot TiO_2 \qquad \Delta G^{\ominus} = -19100 - 0.8T \quad (J/mol) \quad (1-1)$$

$$CaO + Fe_2O_3 \rlap{=}{=} CaO \cdot Fe_2O_3 \qquad \Delta G^{\ominus} = -1700 - 1.15T \quad (J/mol) \quad (1-2)$$

由式(1-1)和式(1-2)可知,随着温度升高,均有利于两个反应向右进行，在烧结温度条件下，钙钛矿的形成比铁酸钙容易得多，且随着烧结原料中 TiO_2 含量的增加，提高了式（1-1）的反应物浓度，增大了反应向右进行的趋势，有利于钙钛矿的生成。同时参与式（1-2）的 CaO 浓度降低，不利于铁酸钙生成。所以在烧结工艺条件相同时，随着 TiO_2 含量增加，钙钛矿增加，铁酸钙减少，二者互为消长关系。

任允芙研究发现[25]，含钛铁精矿在烧结过程中首先生成铁酸钙，之后随温度升高铁酸钙和硅质物料发生反应生成硅酸盐熔体。最后成品矿由玻璃相，铁酸钙固结，钛赤铁矿的连晶也起一定的固结作用。烧结前 92.24% 的 TiO_2 固溶于钛磁铁矿中，随着烧结过程一系列物理化学变化，钛的赋存状态也发生了变化。对于熔剂性钒钛磁铁矿烧结料，钛磁铁矿中的钛一部分转到钛赤铁矿中，一部分直接进入熔体；钛赤铁矿中的钛部分转入铁酸钙，部分进入熔体；脉石中的钛随着与铁酸钙、氧化钙、铁相的反应进入硅酸盐熔体中。钛铁矿在 800℃ 左右与紧密接触的磁铁矿结合生成钛铁晶石，钛铁晶石和镁铝尖晶石在 1150℃ 时固溶于磁铁矿中，最终形成钛磁铁矿固溶体[27,28]。

含钛矿物（钛铁矿和钛铁晶石）也可以同 CaO 作用形成较低熔点的液相（在 $CaO-FeO-TiO_2$ 系中有 1288℃ 和 1299℃ 共晶物）。初生液相在高温下可以同周围的固态物质起熔蚀作用，不断改变液相成分。通过计算矿物的相对含量表明，钙钛矿中的 TiO_2 量占烧结矿 TiO_2 总量的 38.93%。

在冷却过程中，液相熔体首先结晶出高熔点的钙钛矿，熔体中的铁氧化物浓度提高。继之析出的是钛赤铁矿（如氧化性气氛强）和钛磁铁矿（如还原性气氛强）。因 SiO_2 含量不高，故硅酸钙析出较少，其后析出熔点较低的铁酸钙。由于 TiO_2、CaO 及 Fe_xO 的优先析出，因此残余液相中 SiO_2 含量升高，随后析出的是低熔点、含有少量 Ca、Fe、Mg、Al、Ti 等成分的复杂硅酸盐矿物，来不及结晶的液相以玻璃相形式存在。

烧结矿的固结将由铁酸钙和低熔点硅酸盐液相黏结、钛赤铁矿和钛磁铁矿的连晶来实现。由于高温的烧结层是液固共存体系，它的冷却结晶过程要比单一液态熔体的冷却结晶过程复杂得多。如在 1200~1300℃，熔融的铁酸钙可同尚处于固态的钛铁矿和钛铁晶石反应生成钙钛矿[29]，其化学反应式为：

$$CaO \cdot Fe_2O_3 + FeO \cdot TiO_2 \Longrightarrow CaO \cdot TiO_2 + FeO + Fe_2O_3 \qquad (1-3)$$

与普通烧结相比，钒钛磁铁矿烧结液相熔体是一个十分复杂的体系。

1.2.3 钒钛磁铁烧结矿的冶金性能

1.2.3.1 单矿物的还原性和抗压强度

Fe_2O_3 有最好的还原性，其次是 Fe_3O_4。钛铁矿和钛铁晶石在开始阶段还原性较 $CaO \cdot 2Fe_2O_3$ 差，但后期好于 $CaO \cdot 2Fe_2O_3$。铁酸钙的还原性随其中 CaO 的增加而降低，钛辉石和钛榴石等硅酸盐的还原性较差。对于钒钛烧结矿，虽然含铁品位低，但由于 SiO_2 低，形成难还原的硅酸盐相少，氧化度高，FeO 低，故还原性不比普通烧结矿差，有时还比普通烧结矿好[30]。

Fe_2O_3 和 Fe_3O_4 虽未熔化，但有收缩固结。Fe_3O_4 由于再结晶良好，故强度好，而 Fe_2O_3 在 1420℃ 焙烧时可发生分解反应，影响再结晶，故强度差。铁酸钙的强度随其中 CaO 量的升高有所下降，但 $CaO \cdot 2Fe_2O_3$ 和 $CaO \cdot Fe_2O_3$ 的强度较高。所有硅酸盐矿物的强度也较高。钛铁矿和钛铁晶石的强度较差，特别是钛铁矿。在 1420℃ 通过固相反应合成的钙钛矿强度很差，硬而脆，强度较差，一触即溃。钒钛烧结矿中的主要矿物是钛赤铁矿，其次是钛磁铁矿和钙钛矿，而铁酸钙和硅酸盐相对较少，故其转鼓强度较普通烧结矿为低[31]。可见，提高烧结矿碱度，采用低温氧化性烧结，可以抑制钙钛矿生成和发展铁酸钙，适当配加普通矿粉以发展硅酸盐液相，对于提高烧结矿强度有利。

钒钛烧结矿的转鼓强度较普通烧结矿低。其原因是：矿粉含 TiO_2 高，加 CaO 后易于形成脆性的钙钛矿；含 SiO_2 低，可作黏结相的硅酸盐少；精矿含 TiO_2 高，其熔化温度高，在一般烧结温度下液相少。

增加配碳量可使转鼓强度提高，但 FeO 增加和脱 S 率降低。当配碳量超过一定配比时，转鼓强度反而下降。因为，增加配碳量有使液相增多改善转鼓强度的作用，但也有不利提高转鼓强度的影响。例如 FeO 升高，Fe_2O_3 减少，铁酸钙减少，钙钛矿增多。在低碱度区，增加配碳量可以改善强度；而在高碱度区，增加配碳量则降低强度[32~34]。由此可见，在生产高碱度烧结矿时，增加配碳量不一定能提高强度，因为这有助于钙钛矿形成。控制适当配碳量、发展铁酸钙和抑制钙钛矿对提高强度有利。

增加 TiO_2 含量，有助于钙钛矿形成，故使转鼓强度降低。因此，在有条件的情况下配加适量普通矿则可降低 TiO_2 含量，并可增加 SiO_2 量，从而可以改善强度。在全钒钛烧结的条件下，就不能配加普通矿，而需另寻其他改善措施，如提高碱度和采用低温烧结，这可发展铁酸钙和减少钙钛矿的形成[35]。

1.2.3.2 钒钛烧结矿的还原性

钒钛烧结矿的还原性能一般比普通烧结矿好，因为钒钛烧结矿 FeO 含量低，氧化度高。在还原过程中，由于 Fe_2O_3 还原成 Fe_3O_4 时晶型转变，引起微裂纹，改善了气体的扩散条件[36]。

一般增加 TiO_2 含量，烧结矿中含铁量和含铁物质减少（如钛赤铁矿和铁酸钙等），而脉石矿物增加（如钙钛矿和钛辉石），增加了还原气体在矿石内部向铁矿物扩散的阻力，所以还原性变差。

钒钛烧结矿也随其碱度升高，铁酸钙增加，还原性改善，同普通烧结矿相似。

1.2.3.3　高温冶金性能

钒钛烧结矿的高温冶金性能一般比普通烧结矿好，因为其中含有高熔点矿物。随含量增加，渣相熔点升高，烧结矿的软熔温度提高。因此高温还原性能有所改善。提高碱度，软熔温度也有改善，因为高熔点钙钛矿增加，高温还原性也有改善，同时还可以抑制炉内高温区的 Si、Ti 还原。由于钙钛矿增加和渣相熔点升高，故滴落后的残渣率增加[37,38]。所以，提高烧结矿碱度，不仅有利于提高强度和利用系数，而且也可以改善高炉冶炼过程。因此，发展双碱度和炉料结构对承钢是有益的。

随配碳量增加，FeO 增高，软化熔滴温度降低，高温还原性能变差，但可抑制还原 Si、Ti，残渣率和渣中 TiC 减少。因此烧结矿中应控制合适的 FeO 含量[10]。此外，适当增加烧结矿中 MgO 的含量，也可以改善高温冶金性能和抑制在高温区熔滴带的还原。

1.2.4　钒钛磁铁烧结矿冶金性能存在的主要问题

烧结矿冶金性能主要包括：熔滴性能、软化性能、还原性能和低温还原粉化性能等。其中低温还原粉化性能严重制约钒钛磁铁烧结矿在高炉中的使用。烧结矿还原时，在 400~600℃ 的温度范围粉化显著，这种现象称为低温还原粉化。高炉冶炼还原粉化严重的烧结矿时，炉尘量大增、频繁结瘤、煤气分布不良、焦比升高、产量降低、生铁质量变坏。彭甲平[39] 研究了矿石粉化率同冶炼指标的关系。研究发现，矿石粉化率同冶炼指标的关系是：矿石自然粉化率降低 5%，高炉焦比下降 5%，产量上升 10%。$RDI_{+3.15}$ 每提高 5%，煤气中 CO 的利用率将提高 0.5%，高炉焦比下降和产量提高各 1.5%[40~42]。

与普通烧结矿相比，钒钛磁铁精粉除含 TiO_2 和 V_2O_5 外，还具有"二低三高"的特点，即铁品位、SiO_2 含量低，TiO_2、MgO、Al_2O_3 含量高[43]。承德钒钛磁铁精粉粒度粗，呈比较规则的圆球状，颗粒之间的黏附力很弱，混匀制粒后小球热稳定性比较差，抗冲击能力比较弱。这种精粉制粒性能差，直接用于烧结工艺太细，用于球团工艺又太粗，属难烧矿粉。生产出的烧结矿 SiO_2 含量低，硅酸盐黏结相少，存在大量不起黏结作用的钙钛矿，且妨碍钛赤铁矿和钛磁铁矿间的连晶作用[44]；同时钒钛磁铁烧结矿中矿物的多样性和不同的热膨胀性引起的内应力比普通矿大，在低温还原阶段（≤500℃）会导致大量微裂纹的形成，为更高温度范围内形成粗大裂纹和碎化程度的加剧提供了有利条件[45]。普通矿的 $RDI_{+3.15}$ 一般大于 70%，而钒钛磁铁烧结矿的 $RDI_{+3.15}$ 一般只有 20%~40%。上述原因导致钒钛磁铁烧结矿粒度偏小、粉化率高、冷强度差。因此，钒钛磁铁烧结矿的质量远远不能满足大高炉生产的需要，严重制约了高炉的顺行和炼铁系统成本的降低。

1.3 影响钒钛磁铁烧结矿性能的因素

钒钛烧结矿的质量与烧结料的组成、烧结温度和气氛条件有关，其中最重要的影响因素是原料的化学成分、碱度和燃料配比等[36]。

1.3.1 化学成分的影响

1.3.1.1 TiO_2 的影响

根据式（1-1）~式（1-3）可知，钙钛矿（$CaO \cdot TiO_2$）在高温（1300℃以上）和还原气氛下生成，钙钛矿和铁酸钙呈相互消长关系。高温有利于钙钛矿的发展，固相反应生成的铁酸钙在1200℃发展迅速，但在1250℃以上铁酸钙难以稳定存在。在1280℃又很快离解成 Fe_2O_3 和 CaO[46]，进一步促进了钙钛矿的生成。钙钛矿的熔点为1970℃，冷却过程中最先析出，以弥散状分散于硅酸盐和钛铁矿之间。

任允芙[25]在有关攀钢烧结矿中钙钛矿的研究中，以化学试剂 $CaCO_3$ 和 TiO_2 为原料，采用金属钼坩埚，在2000℃合成高纯度块状钙钛矿，并对其进行了物理化学性质研究。研究表明：钙钛矿是抗压强度为83.36MPa的硬矿物，不起黏结作用，它与铁酸钙在数量上呈消长关系，即钙钛矿的生成减少了良好的黏结相。钙钛矿在1200℃以上即从熔体中析出，1250~1350℃时，它的生成速度最快，减少钙钛矿的有利措施是采用低温氧化气氛烧结。

1.3.1.2 Al_2O_3 的影响

国内外的研究结果表明，Al_2O_3 含量较小时，Al_2O_3 固溶于铁酸钙后促进了铁酸钙的生成和稳定存在，使易还原的铁酸钙逐渐增多。随着 Al_2O_3 含量增加，烧结矿孔隙度明显增加，裂纹增大，加大了还原煤气的通道以及煤气与 Fe_2O_3 的接触面积，从而使烧结矿还原度上升。烧结矿的 Al_2O_3 含量大于2.1%时，Al_2O_3 对烧结矿的机械强度、成品率、产量、低温还原粉化性能等都有较大影响。随着 Al_2O_3 含量的增加，粗大的菱形钛赤铁矿以及其中包裹的钛磁铁矿增加。由于它们的晶系、固溶元素及含量、膨胀系数均不同，还原时产生的应力大小、方向不同，使烧结矿产生很多还原裂纹而碎裂，这是钒钛烧结矿低温还原粉化率较高的主要原因。

随着 Al_2O_3 含量增加，烧结矿的显微结构也发生如下变化：（1）柱状钛赤铁矿含量下降，而菱形、不完整四边形钛赤铁矿含量增加；（2）自形、半自形晶的钛磁铁矿含量下降，被菱形钛赤铁矿包裹的钛磁铁矿含量增加；（3）他形粒状、短板状铁酸钙含量增加，而板状铁酸钙聚集成片状结构，体积含量下降[12]。

1.3.1.3 SiO_2 的影响

钒钛磁铁矿的 SiO_2 含量较低、烧结过程产生的黏结相量少、成矿困难是导致钒钛烧结矿强度差、成品率低、低温还原粉化严重等问题的主要原因。因为 SiO_2 同 CaO 的结合力大于 TiO_2 和 Fe_2O_3 同 CaO 的结合力[47]。增加烧结矿中 SiO_2 含量,可以降低钙钛矿和铁酸钙的含量,增加硅酸盐黏结相,减少赤铁矿。同时,随 SiO_2 含量升高, TiO_2 含量下降。因此,适当增加烧结矿中 SiO_2 含量,可以改善钒钛烧结矿的强度[48,49]。

甘勤[50]研究了 SiO_2/TiO_2 比值(增加富矿粉配比)和萤石、氧化锰、重晶石、硼泥等辅料对钒钛烧结矿软熔滴落性能的影响。结果表明,提高 SiO_2/TiO_2 比值和添加萤石、氧化锰、重晶石、硼泥等辅料均有利于改善钒钛烧结矿软熔滴落性能。 SiO_2/TiO_2 比值在 0.458 ~ 0.725 范围内,钒钛烧结矿具有较小的软化开始温度(1130 ~ 1180℃)、熔化开始温度(1270 ~ 1300℃)和滴落开始温度(1490 ~ 1505℃)。随着 SiO_2/TiO_2 比值的提高,其软熔开始温度下降,软熔区间变窄,料柱透气性提高。富矿粉能降低钒钛烧结矿中和滴落渣中的 TiO_2 含量,增加黏结相,从而减少钛的还原和 Ti(C,N)的生成,改善烧结矿的滴落性能。添加各种辅料均有助于提高炉料的软化温度。同时,萤石具有降低炉料熔化温度的作用。添加硼泥可减少烧结矿还原软熔后期钙钛矿的生成,降低其滴落温度。根据钒钛烧结矿高炉冶炼的特殊性,烧结添加萤石效果较好,可使高炉下部软熔带的氧势增加,减少 TiO_2 的过还原。

1.3.1.4　MgO 的影响

适当提高烧结矿中 MgO 含量对于改善高炉冶炼过程十分有利。但在生产高碱度烧结矿的条件下,随着烧结混合料中 MgO 含量提高,烧结成品率降低,垂直烧结速度降低,利用系数降低,故混合料的 MgO 含量升高对烧结生产不利[51,52]。

吕庆[72]研究了 MgO 含量对承钢钒钛烧结矿的矿物组成、矿物结构、烧结矿强度和烧结过程的影响。研究发现,当 MgO 含量在 1.75% ~ 2.75% 之间,随着 MgO 含量的提高,烧结成品率、垂直烧结速度均出现降低的现象;烧结矿中的硅酸盐和玻璃质的质量分数提高,而铁酸钙(CaO·Fe_2O_3)的质量分数则有所降低,磁铁矿(Fe_3O_4)和赤铁矿(Fe_2O_3)质量分数没有明显变化;烧结矿的矿物结构变得比较复杂,以共晶结构为主,含有部分共生结构和斑状结构。烧结矿的转鼓指数略降低,低温还原粉化率有所改善。

单继国[47]对攀钢钒钛烧结矿的低温还原粉化进行了研究,认为将攀钢烧结矿 MgO 含量由 3.4% 提高到 5.0% 左右,烧结矿的低温还原粉化性能得到改善, $RDI_{+3.15}$ 可提高 8% 左右,抗磨指数 $RDI_{-0.5}$ 降低 23%,烧结矿还原性和熔滴性能都得到改善。

甘勤[54]针对 MgO 对攀钢钒钛烧结矿的矿物组成及冶金性能影响进行了试验研究。结果表明:MgO 对攀钢钒钛烧结矿物组成和结构有较大的影响;在 MgO

质量分数为 2.5% ~ 3.7% 时，随着 MgO 含量的增加，烧结矿的中温还原度略有下降，低温还原粉化率降低，软熔滴落性能改善。MgO 对烧结矿低温还原粉化性能的影响主要表现在强化了烧结矿的矿物结构，而熔滴性能改善的原因是高熔点矿物生成量增加、渣相流动性提高。适当提高钒钛烧结矿中 MgO 的质量分数（小于 3.7%），对改善烧结矿的矿物结构和冶金性能有益。

1.3.2 原料种类的影响

1.3.2.1 外矿配比的影响

在烧结配矿结构中适当增加澳矿粉的配比，烧结料层的透气性得到改善，从而提高垂直烧结速度和烧结矿产量。但过高的澳矿配比将对烧结成品率、烧结矿冷态机械强度和低温还原粉化性能的改善带来不利的影响，同时也严重影响烧结矿的产量[55]。

1.3.2.2 普通铁精粉配比的影响

在烧结配矿结构中适当增加普通铁精粉的配比，钒钛烧结矿的成品率、垂直烧结速度和利用系数都得到提高，同时也为改善钒钛烧结矿的冷态机械强度和低温还原粉化性能创造了有利的条件。因此，为改善钒钛烧结矿的冷态机械强度和低温还原粉化性能，在不影响铁水提钒效果的前提条件下，普通铁精粉的配比可以适当提高。

1.3.2.3 返矿配比的影响

冯茂荣[56]研究了返矿配比对烧结过程、利用系数以及固体燃耗的影响。试验结果表明，以钒钛磁铁精粉为主要原料的烧结工艺中，返矿作为主要的成球核心，其数量和粒度组成对混合料制粒有关键作用，对烧结的产量和质量影响很大。增加返矿用量，虽然可以提高垂直烧结速度，但成品率降低，导致烧结机利用系数降低，同时返矿的增加会提高固体燃耗，还可导致高温保持时间的缩短，对烧结矿质量不利。

1.3.3 碱度的影响

碱度对钒钛烧结矿质量的影响主要体现在生成不同的矿物。在自然碱度烧结矿中，除大部分钛磁铁矿被氧化成钛赤铁矿外，还有铁橄榄石、辉石和玻璃体。钛赤铁矿、钛磁铁矿的连晶与铁橄榄石（$FeO \cdot SiO_2$）是自然碱度烧结矿的两种重要固结形式。其结构致密，气孔小而均匀，强度好，成品率高。由于烧结所需 FeO 含量较高，故固体燃耗较高，形成的硅酸盐黏度高，烧结速度慢，利用系数低。

在自熔性烧结矿中，随碱度升高，铁酸钙增多，铁橄榄石逐渐减少。固结形式以硅酸钙黏结相为主，钛赤铁矿和钛磁铁矿的连晶为辅，其气孔多而分布不均，壁薄而强度低，烧结速度增加。

在高碱度烧结矿中，固结形式以铁酸钙为主，硅酸盐黏结相为辅。烧结矿呈大孔厚壁致密结构，强度好，但平均粒度稍小；烧结速度变快，但成品率有所降低。

韩秀丽[57]研究了碱度对钒钛烧结矿显微结构的影响。研究表明，碱度由 2.1 提高到 2.5，烧结矿中钛磁铁矿与钛赤铁矿总量降低，但钛磁铁矿含量稍有增加，而钛赤铁矿含量降低。黏结相整体含量增加，其中铁酸钙和硅酸二钙含量增加，玻璃质含量降低。随碱度的提高，骸晶状赤铁矿和包边结构减少，显微结构由斑状向交织熔蚀结构过渡。相应的烧结矿强度和垂直烧结速度增加。当碱度为 2.5 时，铁酸钙主要以柱状、针状形态存在，与他形钛磁铁矿形成交织熔蚀结构；钙钛矿主要以十字形、他形晶形态存在，其间被铁酸钙、硅酸二钙胶结，相应的烧结矿强度最好。

1.3.4　燃料配比及 FeO 含量的影响

燃料配比的变化改变了烧结过程的气氛性质和温度水平，对烧结矿的矿物组成影响很大。随燃料配比增加，烧结温度提高，还原气氛加强，磁铁矿增多，赤铁矿减少，FeO 含量升高，钙钛矿增多。

甘勤[38]的研究结果表明，在一定高碱度与料层厚度条件下，随 FeO 含量的升高，烧结矿的强度、成品率、利用系数等均先上升到一定程度后开始下降；垂直烧结速度随 FeO 含量升高而下降；固体燃耗呈现直线上升趋势。其主要原因是，一方面燃料配比增加后，烧结温度上升，烧结热量充足，还原性气氛增强，导致 FeO 含量升高，烧结指标改善。另一方面，燃料配比过高，燃烧带变宽，热量过剩导致混合料过熔，烧结阻力增加，垂直烧结速度下降。烧结矿致密坚硬，出现大孔薄壁结构[58]。

随 FeO 含量升高，还原度几乎呈直线下降。其主要原因是，烧结矿的 FeO 是由其中的 Fe^{2+} 换算而成的，而 Fe^{2+} 存在于多种矿物之中，如磁铁矿（Fe_3O_4）、橄榄石（$2FeO \cdot SiO_2$）、钙铁橄榄石（$CaO \cdot FeO \cdot SiO_2$）等。随 FeO 含量升高，磁铁矿、铁橄榄石、钙铁橄榄石的含量增加，赤铁矿与铁酸钙含量减少，而矿物的还原性递减顺序是赤铁矿→铁酸钙→磁铁矿→钙铁橄榄石→硅酸铁，因此还原性随 FeO 的上升而下降。同时，由于 FeO 含量升高，烧结矿的结构变得致密，气孔率减少，同样影响还原性。降低 FeO 就会减少还原性较差的硅酸铁、钙铁橄榄石等生成量，增加赤铁矿、铁酸钙等还原性好的矿物，所以降低 FeO 含量能改善其还原性，烧结矿的还原性与 FeO 含量一般皆为负相关关系[59~63]。

1.3.5　工艺操作的影响

承钢曾为了提高烧结矿产量，操作中往往提高机速，"薄拉快跑"，使烧结终点滞后，机上冷却时间和高温保持时间缩短，固相反应和液相的生成都受到限制，同时还会出现"生烧"现象，使烧结矿强度变差，增加冷、热返矿量。混合料返矿量增加，表面上这种料透气性好，但随着透气性的改善，垂直烧结速度提高，高温保持时间缩短，固相反应和液相生成进一步受到限制，由此形成恶性循环。同时，返矿增加后，使精粉配加量减少，出现液相量降低，烧结矿质量变坏。

机上冷却可以促使烧结矿中的磁铁矿和玻璃质含量降低，赤铁矿、铁酸钙和硅酸盐含量增加，有利于提高烧结成品率，改善烧结矿冷态机械强度和低温还原粉化性能。打水冷却会明显降低烧结成品率，同时也会给烧结矿冷态机械强度和低温还原粉化性能带来十分不利的影响。

傅菊英[64]的研究结果表明，热风烧结对提高钒钛烧结矿成品率和转鼓强度有明显效果，但利用系数稍有降低。同时硼泥、矿化剂、催化氧化剂对提高钒钛磁铁矿烧结矿的产量、质量都有明显的效果，其中以硼泥的效果最明显。当硼泥的用量为1%时，烧结矿的成品率从73.5%提高至77.2%，利用系数从1.33$t/$（$m^2 \cdot h$）增加到1.37$t/$（$m^2 \cdot h$），转鼓强度提高了2.4个百分点，烧结矿的$RDI_{+3.15}$提高了10.9个百分点。

甘勤[46]对钒钛烧结过程铁酸钙的生成进行了试验研究。结果表明，烧结温度、烧结时间对钒钛烧结矿中铁酸钙的生成有重要的影响。在一定范围内，随着烧结温度的升高、时间的延长，铁酸钙的生成量增加。烧结温度为1250～1270℃时，钒钛烧结矿中的铁酸钙生成量较多、形态较好。在升温、烧结、冷却过程中增强氧化性气氛，均有利于提高铁酸钙含量和形成针状铁酸钙。TiO_2、Al_2O_3等化学成分对烧结矿铁酸钙生成量和形态的影响比较大。随着TiO_2含量增加，铁酸钙含量下降；随着Al_2O_3含量增加，铁酸钙含量增加，但形态变差；添加适量的B_2O_3有利于铁酸钙的生成，且可以降低烧结混合料的熔点，改善其烧结性能。

钒钛烧结矿中铁酸钙的生成首先要有适当高的碱度、高氧位及加热制度，更要求原料有合适的化学组成。采用提高碱度、料层、混合料MgO含量，降低TiO_2含量、改善混合料粒度组成、添加适量含硼物料等措施，是今后进一步改善钒钛烧结矿物组成和结构，提高烧结矿产质量的重要方向。

1.4 影响烧结矿低温还原粉化的因素

1.4.1 矿物组成和微观结构的影响

烧结矿物组成和微观结构是影响烧结矿质量的最根本因素。研究结果表明[65,66]，烧结矿中各组成的强度由大到小的顺序为：磁铁矿（Fe_3O_4）、赤铁矿（Fe_2O_3）、铁酸一钙（$CaO \cdot Fe_2O_3$）、铁橄榄石（$2FeO \cdot SiO_2$）、钙铁橄榄石（$CaO_x \cdot FeO_{2-x} \cdot 2SiO_2$，$x = 0.25 \sim 1.5$）、铁酸二钙（$2CaO \cdot Fe_2O_3$），玻璃质的

强度最低。而烧结矿中各组成成分的还原性由大到小的顺序为[66,67]：赤铁矿、磁铁矿、铁酸钙、钙铁橄榄石和铁橄榄石。因为烧结矿中铁酸一钙的强度和还原性能都比较好，所以烧结过程中大力促进铁酸一钙的生成。而玻璃质的强度最低，因此要减少玻璃质的生成。烧结矿微观结构中磁铁矿和赤铁矿的颗粒大小、黏结相矿物组成、微观结构的均匀性都影响着烧结矿的质量。晶粒细小的磁铁矿和赤铁矿具有更好的还原性能。烧结矿的矿物与黏结相的矿物组成越简单，微观结构越均匀，烧结矿的质量越好。因为烧结矿矿物组成较复杂时，在冷却过程中会受到多种应力的作用而产生裂纹，导致烧结矿破碎，使其强度降低[68]。研究结果表明[69]：有利于提高烧结矿强度的物相为熔融型磁铁矿和板状铁酸钙，有利于改善还原性的物相为赤铁矿和针状铁酸钙，不利于低温还原粉化率的物相为骸晶状菱形赤铁矿。

1.4.2　工艺参数的影响

1.4.2.1　碱度的影响

碱度对钒钛磁铁烧结矿影响较大[70]，碱度 1.75 时，温度 ≤1200℃ 铁酸盐（以 FTC 为主）在钛赤铁矿颗粒周边呈环状生成，随温度升高环带变宽，电子探针测出其中固溶的 Ti 较高，有的甚至与 Fe、Ca 含量相近。1250℃ 时铁酸盐增加较快，且相互连接成晶桥，毛刺边变圆滑，有软化聚集的趋势，但无流动收缩现象，烧结块体积不变，故此时气孔率最大。镜下观察此时铁酸盐把钛赤铁矿集合体分隔成孤岛状。1300℃ 时硅酸盐生成量增加，局部析出少量树枝状钙钛矿。可见 1300℃ 时由于铁酸盐分解、硅酸盐生成及钙钛矿出现，矿物组成较复杂。

钒钛磁铁烧结矿低温还原粉化随着碱度升高会出现了一个凹陷区，主要因为：碱度低时，烧结矿中 SiO_2 含量相对增加，烧结过程中硅酸盐黏结相增多，有利于强度的提高和低温还原粉化的改善[71,72]，同时 CaO 含量少，钙钛矿含量也少，对改善钒钛磁铁烧结矿的低温还原粉化十分有利。由于 CaO 与 TiO_2 结合生成钙钛矿的能力比 CaO 与 Fe_2O_3 结合生成铁酸钙的能力要强很多，因此，随着碱度升高，钙钛矿含量增加，低温还原粉化率 $RDI_{+3.15}$ 降低。当活性 TiO_2 完全生成钙钛矿后，随着碱度的提高，铁酸钙含量升高，钛赤铁矿含量降低，烧结矿的固结形式以铁酸钙和钛磁铁矿连晶为主，硅酸盐渣相为辅，烧结矿呈大孔厚壁致密结构[26]，减少了赤铁矿还原到磁铁矿产生的体积膨胀，从而钒钛磁铁烧结矿的强度与低温还原粉化均得到改善。

1.4.2.2　配碳的影响

配碳直接影响烧结温度，温度对钒钛磁铁烧结矿中铁酸钙的生成有重要影响[73]，在一定温度范围内，随着烧结温度上升、时间延长，铁酸钙生成量增加。钒钛磁铁烧结矿中铁酸钙生成量多、形态较佳的适宜烧结温度为 1250 ~ 1270℃，对应的即为最佳配碳量。

烧结混合料中固定碳含量与烧结矿 FeO 含量成正比关系，碳含量增加，烧结过程还原气氛增强，氧化气氛减弱，Fe_2O_3 减少，FeO 增加。钒钛磁铁烧结矿中的 FeO 主要赋存在钛磁铁矿 $[mFeO \cdot Fe_2O_3 \cdot n(FeO \cdot TiO_2)]$、钛铁矿（$FeO \cdot TiO_2$）、钛铁晶石（$2FeO \cdot TiO_2$）以及钛辉石和钙铁橄榄石（$FeO \cdot CaO \cdot SiO_2$）等硅酸盐类矿物中。因此，随着 FeO 含量增加，烧结矿中难还原的钛磁铁矿、硅酸盐相、钛铁晶石增多，而容易还原的钛赤铁矿、铁酸盐等矿物减少。另外配碳量增加，烧结温度升高，FeO 含量增加，液相量增多，烧结矿的结构变得致密，气孔率下降。同时，硅酸盐黏结相有利于吸收还原过程中赤铁矿的还原相变应力，因此，随着 FeO 含量增加，烧结矿低温还原粉化率 $RDI_{-3.15}$ 降低[74]。

1.4.2.3　水分的影响

钒钛磁铁精矿粉 TiO_2 含量较高，粒度坚硬光滑不亲水，混合料水分对烧结矿的质量有重要的影响[75]。当水分过大时，一是在同燃料配比下，用于水分蒸发的热量增加，过湿层增厚，影响料层的透气性，垂直燃烧速度降低，产生液相的热量不足使烧结矿成品率降低[76,77]，同时还会使铁酸钙（$CaO \cdot Fe_2O_3$）的生成量减少，影响烧结矿强度。水分过小，造球不好，料层透气性差，产量质量下降。水分变化时烧结矿中磁铁矿（Fe_3O_4）质量分数变化不大。配水量偏低时钙钛矿较多，质量分数为 25% ~ 30%，多呈不定形、他形晶填充于磁铁矿晶粒间；而铁酸钙数量很少，占黏结相的 10% ~ 12%，主要呈柱状。同时，少量呈他形粒状的硅酸二钙分布其中[78]。合适的水分含量能够改善混合料造球效果及烧结过程，使得烧结矿转鼓强度升高[72]，适当提高 FeO 质量分数，降低赤铁矿质量分数，减少了赤铁矿还原到磁铁矿产生的体积膨胀而导致的粉化。

1.4.2.4　矿粉粒度的影响

烧结混合料要有较好的制粒效果，它与铁矿粉的粒度组成有紧密的关系，粒度太粗或太细均不利于烧结过程，0.2 ~ 1.0mm 粒级矿石的制粒效果最差。一般要求磁铁矿粒度小于 0.074mm 的含量应大于 80%，且粒度上限小于 0.2mm；赤铁矿粒度小于 0.074mm 含量应大于 70%。采用富矿烧结时，应使小于 1.0mm 粒级的含量尽可能减少。对于冷返矿作为核颗粒，要求返矿粒度上限最好控制在 5 ~ 6mm 以下。此外，在粒度相同的情况下，多棱角和形状不规则的颗粒比表面光滑的颗粒易成球，且制成的小球强度高。混合料中主要以小于 0.15mm 粒级作为黏附细粒，大于 1mm 粒级作为核颗粒，理想制粒核心以 1 ~ 3mm 为佳，0.15 ~ 1mm 这个中间粒级既不能成为制粒小球的核心，也不能构成黏附层，最终成为混合料中不能成球的粉末，是恶化料层透气性的根源，因此，精粉粒度细化是提高混合料成球性能的主要措施。

另外，精粉粒度太细，比表面积和湿容量增加，在生石灰用量和制粒时间相同的情况下，易导致制粒小球过于长大，粒子结构过于致密，并使部分粗颗粒燃料变成小球核心被矿粉包裹，既不利于燃料燃烧，也不利于烧结过程传热传质。粒度太细也会导致混合料水分增加，烧结时热耗增大，在同样的燃料配比和较快的烧结速度下，虽然烧结过程氧化气氛较强，但热量却不足。适当提高料层厚度以控制烧结速度，可以弥补以上不足[79,80]。

1.4.2.5 配矿的影响

钒钛磁铁矿烧结性能差，属难烧矿物。为了充分利用钒钛磁铁矿，采用配矿技术可以减少生产过程中烧结矿质量波动，提高烧结矿产、质量，降低成本[81~84]。

提高钒钛精矿配比对烧结矿的产、质量指标和低温还原粉化指标不利[85]。攀钢烧结矿中有40%左右为普通矿，其中进口矿比例占总铁料的10%左右。为了降低炼铁生产成本，目前攀钢烧结料中钒钛磁铁精粉占55%以上。通过配矿研究得到，随钒钛磁铁精粉配比提高，钒钛磁铁烧结矿中 FeO 含量增加，低温还原粉化率 $RDI_{-3.15}$ 与中温还原度降低，但还原度降低幅度较小。因此，钒钛磁铁烧结矿中应保持适当含量的 FeO 来抑制粉化[86]。

蒋大军[87]研究结果表明，白马矿代替攀精矿后烧结熔点下降，液相量增加，强度提高，烧结矿矿物组成与冶金性能均得到改善，烧结性能明显优于攀精矿。采用20%左右白马矿替代攀精矿（精矿总配比增加），同时降低澳矿、增加国内高粉，采用提高碱度、配加活性灰、硼酸、燃料熔剂分加和优化控制工艺参数等措施，具有很好的强化效果。

韦火明[88]等人研究发现，澳矿粉的加入对钒铁磁铁矿的烧结过程和改善烧结矿质量都有较好的效果，配比量越大效果越明显；巴西矿对改善钒钛磁铁烧结矿产质量效果不如澳矿，应尽量少配。

配入蛇纹石来调整烧结矿的 Al_2O_3/SiO_2[89]，随着 Al_2O_3/SiO_2 升高，$RDI_{+3.15}$ 指标是先增后减，原因是随着 Al_2O_3/SiO_2 的升高，铁酸钙含量增加，Al_2O_3/SiO_2 在0.31附近时，铁酸钙所占比例达到最大，能形成足够的 SFCA 黏结相，同时 Fe_2O_3 含量相对较少，因此低温还原粉化性能达到最佳。

1.4.3 化学成分的影响

法国齐诺尔敦克尔厂总结了烧结矿中各脉石成分对低温还原粉化率的影响，得出关系式[90]：

$$RDI_{-3.15} = 79.67 - 0.27\%C + 1.25\%Al_2O_3 + 30\%TiO_2 - k(CaO + MgO + SiO_2)$$

平均混合料的 $k = 3.13$。

1.4.3.1 Al_2O_3 含量的影响

Al_2O_3 在钒钛磁铁烧结矿中不能单独存在，它主要赋存于铁酸钙、钛赤铁矿、钛磁铁矿和硅酸盐相中。在钒钛磁铁烧结矿中 TiO_2 与 Al_2O_3 对铁酸钙的生成量及形态有交互作用,随着 TiO_2 上升,铁酸钙含量下降;随着 Al_2O_3 上升,钛赤铁矿含量略有减少,铁酸钙含量增加,其他矿物含量变化不大。但形态变差[91],微观结构发生了如下变化:(1)柱状钛赤铁矿含量下降,而菱形、不完整四边形钛赤铁矿含量增加;(2)自形晶、半自形晶的钛磁铁矿含量下降,被菱形钛赤铁矿包裹的钛磁铁矿含量增加;(3)他形粒状、短板状铁酸钙含量增加,而板状铁酸钙聚集成片结构减少[19]。

坂本登[92]研究表明,烧结矿物理性能也随 Al_2O_3 含量的增加而发生变化,如烧结矿孔隙度明显增加,裂纹增大。三价铁离子的半径为 0.64×10^{-10} m,三价铝离子的半径为 0.51×10^{-10} m,二者十分接近。若原料中含有较多的 Al_2O_3,烧结温度较高时,熔体中次生赤铁矿结晶格子的一部分 Fe^{3+} 被 Al^{3+} 代替,引起晶面收缩,加大了还原煤气的通道以及煤气与 Fe_2O_3 的接触面积,容易产生新裂纹,而且裂纹容易扩张,使烧结矿的 $RDI_{+3.15}$ 降低。

烧结矿的 Al_2O_3 含量大于 2.1% 时,Al_2O_3 对烧结矿的机械强度、成品率、产量、低温还原粉化性能等都有较大影响。随着 Al_2O_3 含量的增加,粗大的菱形钛赤铁矿以及其中包裹的钛磁铁矿增加。由于它们的晶系、固溶元素及含量、膨胀系数均不同,还原时产生的应力大小、方向不同,使烧结矿产生很多还原裂纹而碎裂,这也是钒钛磁铁烧结矿低温还原粉化率较高的主要原因之一[52]。

Al_2O_3 含量较小时,Al_2O_3 固溶于铁酸钙后促进了铁酸钙的生成和稳定存在,使易还原的铁酸钙逐渐增多。

1.4.3.2 MgO 含量的影响

Mg 在烧结矿中是以镁离子状态分布的,由于 Fe^{2+} 和 Mg^{2+} 离子半径相近($Fe^{2+} = 0.083$nm,$Mg^{2+} = 0.078$nm),晶格系数差不多(Mg^{2+} 为 2.10,Fe^{2+} 为 2.12),因此,在烧结过程中 Fe^{2+} 和 Mg^{2+} 可相互取代,Mg^{2+} 渗入 Fe_3O_4 晶格降低了磁铁矿晶格缺陷,稳定了磁铁矿。另外,Mg^{2+} 很容易进入磁铁矿及橄榄石、辉石晶格中,取代 Fe^{2+}、Ca^{2+} 并占据磁铁矿及橄榄石、辉石晶格中的空位,降低其缺陷程度,使这些矿物更稳定,不易被氧化成再生赤铁矿,故随着 MgO 增加,钛磁铁矿及镁橄榄石、辉石含量增加[93]。同时 MgO 在烧结过程中可以形成连续的完全类质同象,易生成含 Ca、Fe、Si 的多元矿物。其类质同象变化可写为:

$$FeO \cdot Fe_2O_3 - (Fe \cdot Mg)O \cdot Fe_2O_3 - (Mg \cdot Fe)O \cdot Fe_2O_3 - MgO \cdot Fe_2O_3$$

MgO 的上述作用抑制了磁铁矿氧化生成赤铁矿。单继国[47]对攀钢钒钛磁铁烧结矿的低温还原粉化进行了研究,认为将攀钢烧结矿 MgO 含量由 3.4% 提高到 5.0% 左右,烧结矿的低温还原粉化性能得到改善,$RDI_{+3.15}$ 可提高 8% 左右,抗磨指数 $RDI_{-0.5}$ 降低 23%,烧结矿还原性和熔滴性能都得到改善。

甘勤[94]针对 MgO 对攀钢钒钛磁铁烧结矿的矿物组成及冶金性能影响进行了

试验研究。结果表明：随着 MgO 含量增加，钛磁铁矿增加，钛赤铁矿含量急剧减少，硅酸盐总量增加，钛榴石、钙钛矿和铁酸钙含量变化不大，游离 CaO 含量减少，游离 MgO 含量增加，钙镁橄榄石、镁硅钙石有少量生成，而玻璃质黏结相减少，矿物组成和结构趋于复杂。当 MgO 的质量分数从 2.5% 增加到 3.7% 时，烧结矿微观结构发生了如下变化：钛磁铁矿呈自形、半自形晶含量下降，三角形、不完整四边形钛赤铁矿含量明显减少，板状铁酸钙聚集成片结构增加。钛磁铁矿晶粒细化为 0.015 ~ 0.030mm，铁酸钙与钛磁铁矿、钛赤铁矿形成熔蚀交织的较均匀结构。这种结构有利于提高烧结矿的强度和降低其低温还原粉化率。

道森·P.R.[95] 从矿相结构和组成方面研究了 MgO 抑制钒钛磁铁烧结矿低温还原粉化的作用：随着 MgO 含量增加，粗大的三角形、不完整四边形钛赤铁矿生成量减少，烧结矿形成微孔厚壁结构，强度提高；同时由于 MgO 能提高硅酸盐熔体的结晶能力，减少玻璃质含量，玻璃相中析出较多的镁橄榄石、辉石 $[Ca(MgFe)Si_2O_5]$ 矿物起骨架作用，增强了抵御应力变化和裂纹扩展的能力。因此，随着 MgO 含量增加，烧结矿还原裂纹减少、变小、粉化率降低。

吕庆[72] 研究了 MgO 含量对承钢钒钛磁铁烧结矿的矿物组成、矿物结构、烧结矿强度和烧结过程的影响。研究发现，当 MgO 含量在 1.75% ~ 2.75% 之间，随着 MgO 含量的提高，烧结成品率、垂直烧结速度均出现降低的现象；烧结矿中的硅酸盐和玻璃质的质量分数提高，而铁酸钙（$CaO \cdot Fe_2O_3$）的质量分数则有所降低，磁铁矿（Fe_3O_4）和赤铁矿（Fe_2O_3）质量分数没有明显变化；烧结矿的矿物结构变得比较复杂，以共晶结构为主，含有部分共生结构和斑状结构。

1.4.3.3 TiO₂ 含量的影响

杨华明[96] 研究指出，烧结矿矿物相显微硬度、弹性模数、断裂韧性、烧结矿综合断裂韧性和低温还原粉化率 RDI 与 TiO₂ 的含量有一定的关系。TiO₂ 含量增加恶化了烧结矿的低温还原粉化性能。电子显微分析证实：TiO₂ 在烧结矿各矿物相中都有，但极大部分集中在玻璃相，引起玻璃相断裂韧性的降低。烧结矿 $RDI_{-3.15}$ 增大主要由玻璃相断裂韧性的降低引起。TiO₂ 含量越高，玻璃相的断裂韧性亦越小，抵抗能力更弱，从而导致烧结矿低温还原粉化严重。Dawson 等人研究也认为[97]，大部分 TiO₂ 均进入玻璃质相内，TiO₂ 含量增加会减小玻璃质的破裂韧性，从而导致 RDI 恶化。

包毅成[98] 研究得到，钒钛磁铁烧结矿的钛赤铁矿含量占 45%，是结晶形态复杂的固溶体，除一般烧结矿所具有的粒状、斑状赤铁矿外，有 22% 是再生的骸晶菱形钛赤铁矿，因此钛赤铁矿、钛磁铁矿连晶及硅酸盐渣相固结，结构很不均匀，尤其是存在着质硬而脆的钙钛矿，它弥散于黏结相与钛赤铁矿、钛磁铁矿之间，大大削弱了烧结矿的强度。

任允芙在有关攀钢烧结矿中钙钛矿的研究中，以化学试剂 $CaCO_3$ 和 TiO_2 为原料,采用金属钼坩埚,在2000℃合成高纯度块状钙钛矿,并对其进行了物理化学性质研究。研究表明:钙钛矿是抗压强度为83.36MPa的硬矿物,不起黏结作用,它与铁酸钙在数量上呈消长关系,即钙钛矿的生成减少了良好的铁酸钙黏结相。钙钛矿在1200℃以上即从熔体中析出,1250~1350℃时,它的生成速度最快,减少钙钛矿生成的有利措施是采用低温氧化气氛烧结。

王树同[99]研究表明,钒钛磁铁烧结矿粉化的原因除菱形钛赤铁矿还原体积膨胀外,还有钙钛矿分散于渣相与铁矿物之间,削弱了硅酸盐的黏结作用以及钛赤铁矿与钛磁铁矿的连晶作用;同时固溶于硅酸盐相(包括玻璃相、钛榴石)中的TiO_2、Al_2O_3能显著地破坏其断裂韧性,在还原过程中受应力的作用进一步扩大裂纹,TiO_2含量越高这些破坏作用就越强。

1.4.3.4 SiO_2 的影响

钒钛磁铁矿的SiO_2含量较低、烧结过程产生的黏结相量少、成矿困难,导致钒钛磁铁烧结矿强度差、成品率低、低温还原粉化严重等问题。SiO_2同CaO的结合力大于TiO_2同CaO、Fe_2O_3同CaO的结合力[100]。增加烧结矿中SiO_2含量,可以降低钙钛矿和铁酸钙的含量,增加硅酸盐黏结相,减少赤铁矿。同时,随SiO_2含量升高,TiO_2含量下降。因此,适当增加烧结矿中SiO_2含量,可以改善钒钛磁铁烧结矿的强度[101,102]。

攀枝花钒钛磁铁矿由于含TiO_2较高,SiO_2含量低且粒度粗、成球性差,在烧结过程中液相量不足,烧结矿难以很好地黏结,而且还会生成不利于烧结矿固结的$CaO \cdot TiO_2$相,致使钒钛磁铁烧结矿脆性大,强度差,粉化率高,其低温还原粉化率$RDI_{-3.15}$高达60%~70%,比普通烧结矿高出2~3倍[79]。

杨广庆[103]研究了SiO_2对铁矿烧结的影响,指出SiO_2对烧结矿强度和低温还原粉化的影响是多种矿物含量和结构变化的共同结果,总体上SiO_2含量升高,铁酸钙总量降低,其中针状结构的减少、玻璃相增加、磁铁矿连晶发展等不利因素得到更为明显的体现。

郑生武[104]研究了承钢钒钛磁铁矿粉化的原因认为,烧结矿和球团矿SiO_2的含量及其存在形态都直接影响还原粉化和还原膨胀,这是由于SiO_2与Fe,Ca等形成铁橄榄石($2FeO \cdot SiO_2$),硅酸钙($CaO \cdot SiO_2$)黏结相,这两种矿物低温还原粉化都很轻。承钢烧结矿和球团矿的强度差,主要是SiO_2含量低,较一般低3%~5%。

1.5 钒钛烧结矿粉化机理及抑制粉化机理研究

1.5.1 钒钛烧结矿粉化机理

Loo和Bristow[105]对铁矿石烧结矿低温还原粉化进行了研究,他们把还原粉化机理看成是由两个不同的子过程组成的：第一个子过程是可接触到还原气的赤铁矿区发生还原，形成初始裂纹，且随着更多赤铁矿的还原，裂纹向周围烧结矿基质内扩展；第二个子过程是裂纹进一步长大和产生分支，沿裂纹壁新暴露的赤铁矿还原，为裂纹扩展提供所需的能量。研究结果表明，对于钒钛磁铁烧结矿，裂纹的扩展过程可能比初始裂纹形成过程更为重要。此外，根据各种矿相及其矿物组成的数据，得出了烧结厂生产的烧结矿的综合破裂韧性与 RDI 实测值十分相关，这就有力的证明了 RDI 与裂纹扩展有关。

还原温度为 550℃ 时，烧结矿的粗细裂纹形成网络状，还原气将裂纹表面的三方晶系的钛赤铁矿还原成立方晶系的钛磁铁矿，进而还原内层的钛赤铁矿，使内应力逐渐增大，促使裂纹变粗、增多。还原温度为 750℃ 时，烧结矿内部布满了纵横交错的裂纹，由于钒钛磁铁烧结矿的矿相复杂，黏结相含量较低，还原产生的应力得不到缓冲，因此粉化率进一步增加。还原温度上升到 900 ~ 1000℃ 时，Fe_3O_4 还原成 FeO 与 Fe，体积发生收缩，粉化率增加幅度降低[106]。

甘勤等人[46]研究表明，钒钛磁铁烧结矿中的钙钛矿体积分数为 2% 时，$RDI_{-3.15}$ 仍高达 60% 以上，钙钛矿不是导致钒钛磁铁烧结矿低温还原粉化的直接原因。Shigaki 等人[107]的试验结果表明，烧结矿的低温还原粉化率与赤铁矿总量的对应关系不明显，而与骸晶状再生赤铁矿的数量有非常好的对应关系。Shigaki 等人[108]观察烧结矿微观结构发现，骸晶状赤铁矿的聚集区出现较多的裂纹，而粒状原生赤铁矿周围裂纹非常少。Sakamoto 等人[109]利用 X 射线衍射分析发现，固溶了 Al_2O_3 的多组分赤铁矿的晶格面间距随 Al_2O_3 的增多而减小，他认为这一收缩现象是引起 $RDI_{-3.15}$ 增大的原因。Matsuno 等人[110]的研究结果却显示，在粒状赤铁矿周围矿物中存在大量裂纹，裂纹的发展程度受其周围矿相的断裂韧性影响较大，而与赤铁矿的数量和结构没有关系，Al_2O_3 降低了赤铁矿周围玻璃相的机械强度，并且有利于低强度的大晶粒复合铁酸钙的生成。

包毅成[98]研究了钒钛磁铁烧结矿低温还原粉化的原因，结果表明，钒钛磁铁烧结矿中钛赤铁矿含量高达 40% 以上，其中粗大的菱形骸晶状赤铁矿占一半左右。由于黏结相含量低，且有 4% ~ 8% 的钙钛矿分散于钛赤铁矿与钛磁铁矿连晶及黏结相之间，使钒钛磁铁烧结矿结构不均、强度变差。钒钛磁铁烧结矿还原粉化过程大致分 3 个阶段：温度低于 600℃ 为还原粉化孕育、发生阶段，600 ~ 750℃ 为还原粉化发展阶段，750℃ 以上是粉化趋于结束的阶段。在低温还原区，提高还原温度，增加 CO 含量，延长还原时间，还原粉化率大大增加。随着钒钛磁铁烧结矿 FeO 含量增加，钛赤铁矿含量降低，还原粉化性能得到改善。

杨华明[96]研究了烧结矿矿物的显微硬度、弹性模数、断裂韧性以及综合断裂韧性和低温还原粉化率随 TiO_2 含量的变化关系。结果表明，TiO_2 含量的增加引起烧结矿的低温还原粉化率升高。TiO_2 主要分布在玻璃相中，玻璃相断裂韧性的降低是引起粉化的主要原因。烧结矿的综合断裂韧性与低温还原粉化率有良好的对应关系，可用断裂韧性来直接表征烧结矿的低温还原粉化性能。从断裂韧性的角度解释了 TiO_2 影响低温还原粉化的原因，对实际生产有直接指导作用。

白永强、程树森研究表明烧结矿中骸晶状赤铁矿和气孔结构是产生大量裂纹的主要区域，赤铁矿还原膨胀后的应力在强度较差的玻璃相内释放，并形成大量的交叉裂纹，这是导致烧结矿粉化的主要原因，钒钛磁铁烧结矿中骸晶状赤铁矿和气孔数量较多，连接其气孔的裂纹数量非常多，骸晶状赤铁矿和气孔结构是钒钛磁铁烧结矿中裂纹密度最高的结构，因此得到这是钒钛磁铁烧结矿还原后发生严重粉化的主要原因。

韩秀丽等人[57]研究表明，钙钛矿在烧结矿中不起黏结作用，相反会削弱钛磁铁矿和钛赤铁矿的连晶作用，并且是一种韧性差、脆而硬的矿物，单体抗压强度仅为 83.36MPa，显微硬度高达 9738MPa，比其他矿物的硬度高得多，这也是钒钛磁铁烧结矿强度差、硬度大的一个主要原因。

钒钛磁铁烧结矿中赤铁矿含量高达 25%，且多以骸晶状形式出现在气孔周围，Fe_2O_3 向 Fe_3O_4 还原时由三晶系六方晶格转变为等轴系四方晶格，晶格转变造成结构扭曲并发生体积膨胀，产生极大的内应力，出现大量裂纹，是低温还原粉化的根本原因。同时钒钛磁铁烧结矿的熔蚀结构中的钙钛矿加剧了裂纹的延伸，进一步加重了烧结矿的粉化。

1.5.2 抑制粉化机理研究

攀钢钒钛磁铁烧结矿产生低温还原粉化的主要原因是物相中钛赤铁矿含量高达 40% 左右，其中骸晶状赤铁矿占 20% 左右，还原应力严重。烧结矿中 FeO 含量适当提高，还原粉化性能有所改善。在烧结混合料中添加 2.5% 萤石粉及 1% $CaCl_2$ 试剂，对改善钒钛磁铁烧结矿粉化性能效果显著[98]。

温洪霞[111]研究发现，每 500g 烧结矿喷洒 10~20mL 浓度为 1.0%~3.5% 的 $MgCl_2$ 溶液，能显著降低烧结矿的 $RDI_{-3.15}$，可使烧结矿的 $RDI_{-3.15}$ 从 36% 降至 4.4%。通过矿相和化学成分分析得知，喷洒 $MgCl_2$ 溶液降低烧结矿 $RDI_{-3.15}$ 的原因是 $MgCl_2$ 溶液阻碍了（400~600℃）Fe_2O_3 向 Fe_3O_4 的低温还原相变。

方宗旺[112]研究发现，使用弱卤化物（NaCl、$CaCl_2$ 或者甚至海水）溶液改善烧结矿低温还原粉化的机理是：在水分蒸发之后，盐的晶体覆盖在烧结矿表面上，这一薄薄的外层阻止了还原气体同烧结矿的大部分表面接触，从而抑制了还原反应，降低幅度在 13% 左右。

硼是一种典型的结晶化学稳定试剂，烧结矿中加入硼化物，使 β-2CaO·SiO_2 稳定，而不以 γ-2CaO·SiO_2 析出，防止了晶型转化的破碎。另外，硼泥带入较多的 MgO，烧结过程形成镁橄榄石、镁黄长石等，减少了 2CaO·SiO_2 含量，也抑制了次生赤铁矿生成，防止了低温还原粉化[113]。

喷洒的 $CaCl_2$ 结晶成晶体吸附在烧结矿表面，形成一层薄膜[114~117]。由于烧结矿为一种多孔状结构，其表面气孔很多，成为还原气体进入烧结矿内部还原其中 Fe_2O_3 的通道。黏附在烧结矿表面的 $CaCl_2$ 薄膜一方面阻碍了还原气体与烧结矿表面的接触，从而抑制了烧结矿表面的还原；另一方面 $CaCl_2$ 薄膜堵塞了还原气体进入烧结矿的通道，阻碍了烧结矿内部的继续还原，减缓了烧结矿的还原速度，从而降低了还原粉化率。但是"薄膜"论没有理论基础，在实践中许多物质能溶于水，并能在烧结矿表面形成结晶，但都代替不了 $CaCl_2$ 抑制烧结矿还原粉化的作用。

郑皓[116]认为，$CaCl_2$ 溶于水后，离解出的 Cl^- 通过化学吸附在烧结矿的表面，Cl^- 通过与赤铁矿中的 Fe—O 键产生电子效应，增强离子间的键键结合作用，从而强化赤铁矿在还原粉化过程中抵抗应力能力；而且 Cl^- 可以增强玻璃相的断裂韧性，从而起到减弱裂纹在玻璃相中的扩展和延伸的作用，进而提高烧结矿的低温还原粉化指数。

SO_2 和 Cl_2 也可以抑制烧结矿低温还原粉化，还原气体中即使含有少量的这类成分便能大大降低 $RDI_{-3.15}$。由于高炉炉内往往存在有这种气体，所以烧结矿的还原粉化程度可能没有实验室试验结果那样高。Pillenta 和 Seshadri[118]使用 SO_2 和 Cl_2 气体对抑制铁矿石低温还原粉化进行了研究，分析了气体中含有 SO_2 和 Cl_2 还原烧结矿时的矿相结构，得到烧结矿的低温还原粉化性能与其矿相结构组成有很大联系，气体成分的改变对烧结矿的微观结构以及粉化性能的影响要比其条件的影响大得多。

国内外钢铁企业提高烧结矿 $RDI_{+3.15}$ 指标都普遍使用添加 $CaCl_2$ 这一方法，一般可提高近 20% ~ 30%[119,120]。特别是对于钒钛磁铁烧结矿，可以提高 50%[121]。但是此法加重了氯元素对环境的污染和对高炉冶炼的危害[114]。如何降低氯离子含量是目前烧结研究领域一焦点问题。

1.5.3　烧结新工艺

1.5.3.1　厚料层烧结技术

厚料层烧结技术已得到了广泛应用和快速发展。目前韩国浦项公司烧结的料层厚度保持在 890mm 水平，属国际领先水平，国内首钢京唐公司烧结的料层厚度达到 830mm，属国内领先水平[122]，武钢、太钢、宝钢、包钢等企业已把烧结料层厚度增加到 600 ~ 800mm[123~126]。生产实践证明，随着烧结料层厚度增加，料层内高温保持时间延长，反应充分，高质量矿相结构容易形成，转鼓强度提高，还原粉化降低，固体燃耗降低，成品率提高明显，同时 FeO 含量降低，还原性能提高。但是厚料层烧结也存在一定问题[127]，如：自动蓄热加强，导致料层高温区变厚，气体体积膨胀量增加，透气性恶化，燃料燃烧速度减慢；若高温区宽度进一步增加，则下部烧结矿过熔，影响烧结矿的产量和质量。

1.5.3.2　低温烧结

低温烧结是相对于传统高温烧结而提出来的概念[128,129]。与高温烧结相比，低温烧结的特点主要表现为：（1）烧结温度低且高温保持时间长，这有利于复合铁酸钙（SFCA）的形成与发展，改善了烧结矿的强度与还原性；（2）黏结相为针状复合铁酸钙，微观结构表现为交织熔蚀结构[130]。低温烧结大大改善了烧结矿低温还原粉化现象。

1.5.3.3　镶嵌式烧结

镶嵌式烧结（MEBIOS）由 Kasai[131] 提出，目的是为了利用劣质化的资源（针对针铁矿，尤其是马拉曼巴矿），使其在普通烧结条件下能够形成合适的空隙结构，确保烧结矿的产质量。酸碱混合烧结利用镶嵌式模式，把高碱度小球换成酸性球，可以改善烧结料层的透气性，为超厚料层烧结奠定基础，提高烧结矿的产量[132]。

1.5.3.4　小球烧结技术

小球烧结技术虽然可以提高生产率，改善烧结矿性能[133,134]，但是，对铁精粉的成球性能要求高，很难适应我国的资源状况。在此基础上 Eiki 等进行双层小球烧结试验，试验结果指出[135]：（1）烧结固体燃料消耗降低了 15.4% ~ 20.2%；（2）双球烧结矿的冶金性能大大优于自熔性烧结矿，FeO 可大幅度降低，还原性明显提高；（3）高炉冶炼焦比降低 6.4%，产量提高 14.6%。俄罗斯新利佩茨克钢铁公司开发的双层布料双碱度烧结工艺中，烧结饼经过机械整粒（破碎和筛分）并且经过数次转运之后，两种碱度的烧结矿得到良好混匀[136]。双球烧结中不可忽略大球的固结吸热问题，烧结高温区保持时间短，大球结晶不完全会影响到烧结矿整体产量及质量。

1.5.3.5　球团烧结混合造块法

日本钢管公司福山钢铁厂自 20 世纪 70 年代开发了"球团烧结混合造块法（Hybrid Pelletized Sinter Process）"[137~142]。但是，酸性球团烧结矿是以硅酸盐渣相为主要黏结相，该黏结相在固态下较为致密，在液态下黏度较大，透气性差。因此，该方法在工业生产应用过程中，遇到了很大的制约[143~146]。

1.5.3.6　分流制粒非匀质烧结技术

大森康男教授等人曾以高品位赤铁粉为主要原料进行双层小球烧结试验[147,148]。即将原料预制成碱度不同的两种小球，然后进行烧结。试验结果指出，烧结矿黏结相以铁酸钙为主，其还原粉化得到抑制，烧结燃料消耗大大降低，烧结矿的还原性得到改善。郑信懋等人的研究表明[149]，原生的细粒赤铁矿比再生的赤铁矿还原度高，针状铁酸钙比柱状铁铁酸钙还原度高；理想非均质烧结矿的矿相结构是由两种矿相组成的非均质结构，一种是属于 $CaO-Al_2O_3-SiO_2-Fe_2O_3$ 多元体系的复合针状铁酸钙（SFCA）黏结相和少量钙铁橄榄石黏结相，另一种是被黏结相所黏结的残留的矿石颗粒。

参 考 文 献

[1] 孟繁奎. 承德钛资源利用现状及展望[J]. 钒钛工业, 2001, (5):11~14.

[2] 马建明, 陈从喜. 我国铁矿资源开发利用的新类型-承德超贫钒钛磁铁矿[J]. 中国金属通报, 2007, (20):31~34.

[3] 蒲含勇, 张应红. 论我国矿产资源的综合利用[J]. 矿产综合利用, 2001, (4):19~22.

[4] 吴贤, 张健. 中国的钛资源分布及特点[J]. 钛工业进展, 2006, 23(6):8~12.

[5] 杜鹤桂. 高炉冶炼钒钛磁铁矿原理[M]. 北京: 科学出版社, 1996.

[6] 白永强, 程树森, 赵宏博, 等. 钒钛烧结矿还原粉化过程的矿相分析[J]. 烧结球团, 2011, 36(2):1~6.

[7] 王强. 钒钛磁铁精矿烧结特性及其强化技术的研究[D]. 长沙: 中南大学硕士论文, 2012.

[8] Tiki K, Sakano Y. Influence of iron ore properties on the flow of melt formed in the sintering process[J]. Journal of the Iron and Steel Institute, 2000, 40(3):5-7.

[9] Jasienske S, Orewczyk J, Ledzki A, et al. Effect of reduction conditions on structure and phase composition of blast furnace charge composed of alkaline sinter and acidic pellets[J]. Solid State Ionics, 1999, 117(7):129-143.

[10] 甘勤. 不同富矿配比对钒钛烧结矿软熔滴落性能的影响[J]. 炼铁, 1997, 16(5):9~12.

[11] 邓朝枢, 王敏杰. 钒钛磁铁矿烧结固结机理[J]. 烧结球团, 1985, 10(1):22~23.

[12] 甘勤, 何群, 黎建明, 等. Al_2O_3 在钒钛烧结矿中的行为研究[J]. 钢铁, 2003, 38(1):1~4.

[13] 王文山, 杨树明, 隋孝利, 等. 承钢钒钛烧结矿产量提高的技术进步[J]. 四川冶金, 2005, 27(5):7~9.

[14] 闫亚坤. 承钢钒钛矿和普通矿分烧分炼最大经济效益的研究[D]. 唐山: 河北理工大学硕士论文, 2005.

[15] Sohail A, Edstron J. High Fe opti-sinter: a high performance blast furnace iron ore burden[J]. Scandinavian Journal of Metallurgy, 1988, 17(6):178-186.

[16] 曲晓昕, 隋孝利. 承钢钒钛矿"100%外配焦粉烧结"工艺的应用研究[J]. 河北冶金, 2009, 171(3):1~4.

[17] 张雄. C_2S 转晶反应定量调控[J]. 硅酸盐学报, 1995, 23(6):680~684.

[18] Nurse R W. Study on $\beta-2C_2S$ stability[C]. Proceedings of the Third International Symposium on the Chemistry of Cement, London, 1995:56-58.

[19] 裴家炜. 不同物料对钒钛磁铁精矿烧结过程的影响[J]. 炼铁, 2000, 19(s):72~75.

[20] Walter G, Manfred L. 烧结厂废气净化新技术[C]. 第六届国际造块会议论文集, 1993.

[21] 甘勤. 攀钢钒铁烧结矿落地贮存试验及生产实践[J]. 烧结球团, 1997, 22(1):32~36.

[22] Glazer A M. The Classification of tilted octahedral in perovskites[J]. Structural Science, 1972, 28(11):3384-3392.

[23] Glazer A M. The Simple ways of determining perovskite Structure[J]. Foundations of Crystallography, 1975, 31(6):756-762.

[24] 王文山, 吕庆, 李福民, 等. 碱度对钒钛烧结矿强度和烧结过程的影响[J]. 烧结球团, 2006, 31(5):14~18.

[25] 任允芙, 杨李香. 攀钢烧结矿的固结机理及钛在烧结过程中的行为[J]. 钢铁, 1986, 2(9):11~17.

[26] 秦凤久. 烧结微观结构及物相组成对冶金性能的影响[J]. 烧结球团, 1993, 18(2):7~12.

[27] Jelks B. Titanium[M]. Chemistry and Technology, New York, Ronald Press, 1949: 10-15.

[28] John V O. Australian exporters battle for market share[J]. Metal Bulletin Monthly, 1994, 8: 10-13.

[29] 姜鑫, 吴钢生, 魏国, 等. MgO对烧结工艺及烧结矿冶金性能的影响[J]. 钢铁, 2006, 41(3):8~11.

[30] 许满兴. 改善烧结矿强度和粒度组成的理论与实践[J]. 2001年全国烧结球团技术交流年会论文集, 2001: 4~5.

[31] 张世娟. 王树同. 针状铁酸钙形成机理的试验研究[J]. 钢铁, 1992, 27(7):7~12.

[32] 张清岑, 等. 钒钛磁铁精矿低温烧结研究[J]. 烧结球团, 1987(12):40~43.

[33] 蒋大军. 攀钢炼铁精料技术进步及冶炼实践[J]. 钢铁, 1999(34):1~5.

[34] Kasai, Tiki, Sakano Yorito. Influence of Iron Ore Properties on the Flow of MeltFormed in the Sintering process[J]. Journal of the Iron and Steel Institute, 2000, 40(13):251-252.

[35] 黎成家, 丁矩, 张鉴琦, 等. 高碱度烧结矿工业性试验及生产实践[J]. 武钢技术, 1994, (sup):17~25.

[36] 蒋大军. 钒钛磁铁精矿的烧结特性及强化措施[J]. 烧结球团, 1997, 22(6):4~10.

[37] 王文山, 金玉臣. 提高钒钛烧结矿强度的探讨[J]. 烧结球团, 1999, 24(2):18~21.

[38] 甘勤, 何庆莉, 邓君. 钒钛烧结矿适宜FeO含量的研究[J]. 云南冶金, 2000, 29(6): 19~23.

[39] 彭甲平. 铁矿石质量评价[J]. 湖南冶金, 2000, 5(3):29~34.

[40] 许满兴. 国外几种酸性炉料的质量及分析[J]. 烧结球团, 1998, 23(2):9~11.

[41] Barnada P. 现代高炉对烧结矿的质量要求[J]. 烧结球团, 1983, 8(3):6~9.

[42] 乔英, 樊御飞. 烧结矿RI、RDI的检验标准的相关性研究[J]. 宝钢技术, 1995, 27(1):55~58.

[43] 李春增. 含钛铁矿粉的烧结配矿试验研究[D]. 北京: 北京科技大学硕士论文, 2006: 50~60.

[44] 单继国. 烧结矿低温还原粉化的研究[J]. 烧结球团, 1989, 14(2):15~18.

[45] 谭立新. 宝钢烧结矿RDI的影响因素及改进措施[J]. 烧结球团, 1991, 16(4):5~8.

[46] 甘勤, 何群. 影响钒钛烧结矿铁酸钙生成因素的研究[J]. 烧结球团, 2008, 33(2):9~

14.

[47] 单继国, 任志国, 刘淑桂. 改善攀钢钒钛烧结矿低温还原粉化性研究[J]. 烧结球团, 1995, 20(1):1~5.

[48] 潘宝巨, 张成吉. 中国铁矿石造块适用技术[M]. 北京: 冶金工业出版社, 2000.

[49] 杨浚锦, 陈光碧. 钒钛铁精矿特性研究[C]. 第三届全国炼铁精料会论文集, 1992: 288~292.

[50] 甘勤, 何群, 黎建明, 等. SiO_2/TiO_2 比值及辅料对钒钛烧结矿软熔滴落性能的影响[J]. 钢铁, 2000, 35(4):1~4.

[51] U. S. Yadav, B. D. Pandey, et al. Influence of magnesia on sintering characteristics of iron ore [J]. Ironmaking and Steelmaking, 2002, 29(2):91-94.

[52] 任允芙, 蒋烈英, 王树同. MgO 在人造富矿中的赋存状态及作用[J]. 北京钢铁学院学报, 1983, (4):1~11.

[53] 吴胜利, 韩宏亮, 姜伟忠, 等. 烧结矿中 MgO 作用机理[J]. 北京科技大学学报, 2009, 31(4):428~432.

[54] 甘勤, 何群, 何木光. MgO 对钒钛烧结矿矿物组成及冶金性能影响的研究[J]. 钢铁, 2008, 43(8):7~11.

[55] 阎丽娟, 吴胜利, 尤艺, 等. 各种铁矿粉的同化性及其互补配矿方法[J]. 北京科技大学学报, 2010, 32(3):298~305.

[56] 冯茂荣. 返矿对钒钛磁铁精矿烧结过程的影响[J]. 炼铁, 2000, 19(s):76~78.

[57] 韩秀丽, 王海峰, 刘丽娜, 等. 碱度对钒钛烧结矿显微结构的影响[J]. 钢铁钒钛, 2009, 30(3):56~60.

[58] 黄绮君. 烧结矿 FeO 含量与烧结矿产质量的关系[J]. 烧结球团, 1980, 5(1):17~26.

[59] 许满兴. 宝钢高炉炉料结构的试验研究[C]. 全国炼铁原料学术会议论文集, 昆明: 中国金属学会, 2005, 8.

[60] E. Kasai, I. Shu, S. Kobayashi, et al. Fundamental study on the sintering process using duplex mini-pellets[J]. Tetsu-to-Hagane, 1984, 170(6):520-526.

[61] P. Davini. Thermogravimetric study of the characteristics and reactivity of CaO formed in the presence of small amounts of SiO_2[J]. Fuel. 1995, 74(7):995-998.

[62] S. L. Wu. Study on ore-portioning design and reduction of nitrogen oxides in iron ore sintering process[D]. SENDAI: Japan Tohoku University, 1991.

[63] 张义贤. 钒钛磁铁矿高铁低硅烧结的实验室研究[J]. 四川冶金, 2004, 33(5):12~16.

[64] 傅菊英, 石军. 提高钒钛磁铁精矿烧结产质量的研究[J]. 烧结球团, 1999, 24(4): 19~24.

[65] Goldschmidt V M. Die gesetzeder krystallochemie[J]. Natur Wissense Haften, 1926, 14(21): 477-485.

[66] 刘振林. 铁矿石烧结的铁酸钙生成特性[J]. 山东冶金, 2003, 25(6):32~34.

[67] Dawson P. Research studies on sintering and sinter quality[J]. Ironmaking and Steelmaking, 1993, 20(2):137-143.

[68] Wang S, Gao W, Kong L. Formation mechanism of silicoferriter of calcium and aluminium in

sintering process[J]. Ironmaking and Steelmaking, 1998, 25(4):296-301.

[69] 张昊, 曾刚. 鞍钢不同碱度冷烧结质量和冶金性能分析[J]. 鞍钢技术, 1998, 10: 12 ~ 14.

[70] Ishikawa, Shimomura, Sasaki, et al. Improvement of sinter quality based on the mineralogical properties of ores[C]. Proceedings-Ironmaking Conference, 1983, 42: 17-29.

[71] 刘晓荣, 蔡汝卓, 林淑芳. 钒钛磁铁精矿低温烧结的研究[J]. 烧结球团, 1991, 16 (2):5 ~ 10.

[72] 吕庆, 李福民, 王文山, 等. w(MgO)对含钒钛烧结矿强度和烧结过程的影响[J]. 钢铁 研究, 2007, 32(1):8 ~ 11.

[73] 任佩珊, 傅菊英. 矿物组成与微观结构对烧结矿质量的影响[J]. 宝钢技术, 1997, 29 (2):39 ~ 42.

[74] 王文山, 孙艳芹, 任刚, 等. 承钢钒钛磁铁精矿烧结工艺参数的正交试验研究[J]. 钢 铁, 2010, 45(9):18 ~ 21.

[75] 蒋大军, 何木光, 甘勤, 等. 高碱度条件下 FeO 对烧结矿性能的影响[J]. 中国冶金, 2008, 18(11):14 ~ 20.

[76] 卢红军, 贾春海, 成飞. 烧结矿中 FeO 含量的影响因素分析[J]. 山东冶金, 2007, 29 (2):12 ~ 15.

[77] 周取定, 孔令坛. 铁矿石造块理论及工艺[M]. 北京: 冶金工业出版社, 1992.

[78] 王筱留. 钢铁冶金学（炼铁部分）[M]. 北京: 冶金工业出版社, 1995.

[79] 何木光, 林千谷, 张义贤. 钒钛磁铁精矿粒度对烧结性能的影响[J]. 钢铁, 2010, 45 (3):127 ~ 131.

[80] 棍川修二. 高品质烧结矿制造[J]. 铁钢, 1983, 69(2):9 ~ 12.

[81] 王喜庆. 钒钛磁铁矿高炉冶炼[M]. 北京: 冶金工业出版社, 1994.

[82] 汪智德, 石军, 何群. 不同富矿配比下钒钛磁铁精矿烧结制度的探讨[J]. 烧结球团, 1998, 23(4):8 ~ 13.

[83] 毛晓明, 朱彤, 李加福. 宝钢烧结投产以来的技术进步[J]. 炼铁, 2005, 24(s):99 ~ 100.

[84] 程国彪, 高丙寅, 张春, 等. 大比例配用进口粉矿的烧结试验及生产[J]. 烧结球团, 2004, 29(1):8 ~ 9.

[85] 刘丽红, 许秋惠, 方丽平. 烧结配矿的试验研究[J]. 河北冶金, 2005, 20(6):9 ~ 10.

[86] 杜长坤, 麦吉昌, 罗清明, 等. 德胜川钢钒钛精矿烧结配矿试验研究[J]. 钢铁钒钛, 2012, 33(2):62 ~ 66.

[87] 蒋大军. 攀枝花高品质钒钛磁铁矿合理配矿试验研究与应用[J]. 冶金丛刊, 2012, 202 (6):33 ~ 38.

[88] 韦火明, 王英杰, 苗会员, 等. 钒钛烧结矿原料配比探讨[C]. 2011 年河北省炼铁技术 暨学术年会论文集, 2011, 76 ~ 82.

[89] 伍成波, 尹国亮, 程小利, 等. 改善低硅烧结矿低温还原粉化性能的研究[J]. 钢铁, 2010, 45(4):16 ~ 19.

[90] 周取定, 李希超. 高炉炉料结构论文集[M]. 北京: 冶金工业出版社, 1987.

[91] 刘晓荣，邱冠周. Al$_2$O$_3$/SiO$_2$ 对低温烧结成矿规律的影响[J]. 钢铁，2001，36(3):5~10.

[92] 坂本登. 低温还原粉化性能与矿物学的检讨[J]. 铁钢，1984，70(6):512~515.

[93] 甘勤，何群，何木光. MgO 对钒钛烧结矿矿物组成及冶金性能影响的研究[J]. 钢铁，2008，43(8):7~11.

[94] 甘勤，何木光，何群. FeO 对钒钛烧结矿产质量影响的研究[J]. 烧结球团，2009，34(1):14~19.

[95] 道森 P R. 世界铁矿石烧结法发展现状[J]. 烧结球团，1994，19(3):33~41.

[96] 杨华明，邱冠周. TiO$_2$ 影响烧结矿低温还原粉化率（*RDI*）的机制[J]. 矿产综合利用，1998:(1):12~15.

[97] Dawson P R. The inflution of alumina on the development of complex calcium ferrites in iron ore sinter[J]. Trans. Inst. Mining Metal. /section C, 1985, (6):71-78.

[98] 包毅成，赖其苹. 钒钛烧结矿低温还原粉化性能的研究[J]. 烧结球团，1991，16(2):10~16.

[99] 王树同，祈富安. Al$_2$O$_3$ 加剧烧结矿低温还原粉化原因的研究[J]. 烧结球团，1997，22(2):1~4.

[100] 石军，何群. 钒钛磁铁精矿烧结特性//中国铁矿石造块适用技术[M]. 北京:冶金工业出版社，2000.

[101] 何木光. 提高钒钛磁铁精矿烧结矿强度的集成技术应用[J]. 烧结球团，2010，35(3):52~56.

[102] 胡林. Al$_2$O$_3$、SiO$_2$ 对铁矿烧结的影响及其机理的研究[D]. 长沙:中南大学，2011，20~50.

[103] 杨广庆，张建良，鄢久刚，等. 钒钛铁精矿配比对钒钛烧结矿冶金性能的影响[J]. 烧结球团，2012，37(2):6~8.

[104] 郑生武. 承钢钒钛磁铁矿高炉冶炼的低温还原粉化[J]. 钢铁钒钛，1986，7(1):24~29.

[105] Loo C E, Bristow N J. 铁矿石烧结矿低温还原粉化机理研究[J]. 烧结球团，1995，20(4):6-9.

[106] Lyons R G. Lyons. Assessment on sinter with addition of olivine[C]. Iron-making Proceedings. 1988, 47: 647-655.

[107] Shigaki, Sawada, Maekawa, et al. Fundamental study of size degradation mechanism of agglomerates during reduction[J]. Transactions of the Iron and Steel Institute of Japan, 1982, 22(11):838-847.

[108] Shigaki, Sawada, Gennai. Increase in low temperature reduction degradation of iron ore sinter due to hematite-alumina solid solution and columnar calcium ferrite[J]. Transactions of the Iron and Steel Institute of Japan, 1986, 26(6):503-511.

[109] Sakamoto, Fukuyo, Iwataetal. Kineticso freducibility of sinter[J]. Tetsu-To-Agane, 1984, 70(6):504-511.

[110] Matsuno, Nishikida, Ikesaki. Strength deterioration of samples of iron ore-5-10% CaO systems

during the reduction at 550 degree C in 30% $CO-N_2$ gas[J]. Transactions of the Iron and Steel Institute of Japan, 1984, 24(4):275-283.

[111] 温洪霞, 陈桂英, 王振海. $MgCl_2$ 溶液对烧结矿低温还原粉化率的影响[J]. 山东冶金, 2002, 24(6):43~45.

[112] 方宗旺. 喷洒 $CaCl_2$溶液降低烧结矿 *RDI* 有效期的试验研究[J]. 宝钢技术, 1999, 31 (2):7~9.

[113] Bristow N J. 铁矿石烧结矿低温粉化机理研究[J]. 烧结球团, 1995, 20(3):25~29.

[114] 杨华明, 邱冠周, 唐爱东. $CaCl_2$ 对烧结矿 *RDI* 的影响[J]. 中南工业大学学报, 1998, 29(3):28~31.

[115] 肖峰, 熊兰香. 高炉炉料喷洒 $CaCl_2$ 的机理作用浅析[J]. 四川冶金, 2006, (4):8~9.

[116] 郑皓, 梁世标. 高炉生产使用喷洒 $CaCl_2$ 溶液的烧结矿的试验研究[J]. 南方钢铁, 1999, (5):21~24.

[117] 吴贤甫. 降低梅山烧结矿低温还原粉化的研究[D]. 沈阳: 东北大学硕士论文, 2009.

[118] Pillenta H P, Seshadri V. Characterisation of structure of iron ore sinter and its behavior during reduction at low temperatures[J]. Ironmaking and Steelmaking, 2002, 29(3):169-174.

[119] 单继国, 任志国, 刘淑桂. 关于承钢高碱度钒钛烧结矿低温还原粉化性的探讨[J]. 钢铁钒钛, 1992, 15(4):25~29.

[120] 李双奇. 添加剂 $CaCl_2$ 对烧结矿冶炼系统腐蚀性的实验研究[J]. 辽宁科技学院学报, 2011, (2):20~23.

[121] 毛晓明, 朱彤, 李加福. 使用低氯添加剂改善烧结矿 *RDI*[J]. 炼铁技术通讯, 2004, (10):2~5.

[122] 吴胜利, 王代军, 李林. 当代大型烧结技术的进步[J]. 钢铁, 2012, 47(9):1~7.

[123] 叶匡吾, 冯根生. 我国球团矿的发展及应用——高炉炼铁节能、减排最重要的技术措施[C]. 2010 年全国炼铁生产技术会议暨炼铁学术年会文集(上), 2010: 71~75.

[124] 冯根生, 吴胜利, 赵佐军. 改善厚料层烧结热态透气性的研究[J]. 烧结球团, 2011, 36(1):5~9.

[125] 吴胜利, 陈东峰, 赵成显, 等. 提高厚料层烧结燃料燃烧性的试验研究[J]. 钢铁, 2010, 45(11):16~21.

[126] 陈东峰, 胡夏雨, 黄发元, 等. 超厚料层烧结过湿带水分变化的试验研究[J]. 中国冶金, 2012, (9):38~41.

[127] 谭金琨. 低温烧结及其技术措施[J]. 烧结球团, 1992, 17(3):1~4.

[128] 蔡湄夏, 曲敬海, 贺淑珍. 低温烧结技术在太钢推广应用的探讨[J]. 钢铁, 2002, 37 (1):1~4.

[129] Ishikawa Y, Sasaki S. Production of low FeO and low SiO_2 sinter at tobata No. 3 sinter plant [J]. Transactions ISIJ, 1982, 22(5):83-88.

[130] Amijo C, Matsumura M, Kawagnchi T. Sintering behavior of raw material bed placing large particles[J]. ISIJ International, 2005, 45(4):544-550.

[131] Kasai E, Komarov S, Nushim K, et al. Design of bed structure aiming the control of void structure formed in the sinter cake[J]. ISIJ International, 2005, 45(4):538-543.

[132] Oboso A, Kouiehi O. Operation results of separated granulation equipment at No. 4 sinter plant [J]. Sumitomo Metal, 2000, 52(2):15-23.

[133] Kasal E, Ienbin S. Fundamental study on the sintering process using duplex mini-pellets[J]. Tetsu-to-Hagane, 1984, 170(6):520-526.

[134] 麻瑞田, 刘振达. 双球烧结的实验研究[J]. 钢铁, 1991, 26(2):1~6.

[135] C·泽温. 新利佩茨克钢铁公司双层布料双碱度烧结工艺[J]. 烧结球团, 1995, 20(3):29~35.

[136] 袁文彬. 日本铁矿石造块新法的基础研究[J]. 烧结球团, 1990, 15(1):7~16.

[137] 鲁逢霖. 酒钢酸性球团烧结料层透气性研究[J]. 甘肃冶金, 2001, (2):9~13.

[138] 王黎光, 傅菊英, 朱德庆, 等. 烧结机焙烧酸性球团矿矿物组成和微观结构[J]. 中南工业大学学报, 2000, 31(5):403~406.

[139] 朱德庆, 姜涛, 傅菊英, 等. 酸性球团矿烧结机焙烧新工艺[J]. 烧结球团, 2000, 25(1):11~13.

[140] 龙红明. 铁矿石烧结过程热状态模型的研究与应用[D]. 长沙: 中南大学博士论文, 2006.

[141] Omuning M J, Rarkin W J, Siemaon J R, et al. Modding and simulation of iron ore sintering [C]. In: 4th International Symposium on Agglomcrafiom Toronto, Canada, 1985: 763-776.

[142] Toda H, Kato K. The arsenical investigation of sintering process[J]. Transactions ISIJ, 1984, 24(3):178-186.

[143] 袁熙志, 周取定. 烧结过程的模拟研究[C]. 中国铁矿石烧结研究——周取定教授论文集. 北京: 冶金工业出版社, 1997: 228~241.

[144] Upadhyaya G S. Some issues in sintering science and technology[J]. Materials Chemistry and Physics, 2001, 67(3):1-5.

[145] 刘吉涛, 郑建华. 烧结矿表面喷洒新一代 $CaCl_2$ 溶液效果分析[J]. 包钢科技, 2007, 33(5):13~15.

[146] 程小利. 改善低硅烧结矿低温还原粉化性能的研究[D]. 重庆: 重庆大学硕士论文, 2009.

[147] 许彦斌. 以铁酸钙系做粘结相的烧结实验[J]. 烧结球团, 1983, 8(5):15~20.

[148] Eiki K, Ienbin S. Fundamental study on the sintering proeess using duplex mini-pellets[J]. Tetsu-to-Hagane, 1984, 170(6):520-526.

[149] 郑信懋. 磁铁精矿配加澳矿低温烧结研究[J]. 烧结球团, 1989, 14(3):26~30.

2 钒钛磁铁矿烧结特性

2.1 引言

随着我国钢铁行业的不断进步和发展，高炉炼铁生产所用铁矿石的需求量日益增加。2008 年，我国生铁产量 4.69 亿吨，铁矿石的需求量为 7.5 亿吨左右。2012 年我国生铁产量增长到 6.5 亿吨，铁矿石的需求量在 10.5 亿吨左右，同比增长 3.7%。而我国铁矿石资源不足，贫矿多，富矿少，国内铁矿石资源难以满足高炉冶炼对含铁原料的需求。因此，进口铁矿石成为国内钢铁企业含铁原料的重要来源之一。

但由于目前进口铁矿石价格不断上涨，而国内钢铁市场形势日益严峻，生产成本高已成为影响钢铁企业生存发展的主要障碍，降低生产成本成为各钢铁公司当前的首要任务。烧结矿作为高炉炼铁生产的主要原料，其质量的好坏对钢铁企业的生存发展起着至关重要的作用。采用低价铁矿石生产烧结矿是降低生产成本的有效技术手段，但国内铁矿石资源的缺乏和国外铁矿石的大量进口，使得烧结原料的结构发生了巨大变化。钢铁企业的低价铁矿石存在种类复杂、来源不稳、烧结基础性能数据缺乏等问题，烧结矿质量难以保证。因此，在保证烧结矿质量和尽可能降低生产成本的情况下，科学合理的配矿已经成为钢铁企业急需解决的问题。

长期以来，人们对烧结用铁矿石的特性的认识和研究，停留在化学成分、粒度组成、制粒性等常温性能方面，而对铁矿石在烧结过程中的高温行为和作用知之甚少。近几年，吴胜利等人提出了铁矿石的烧结基础特性新概念。铁矿石的烧结基础特性[1~3]是指铁矿石在烧结过程中呈现出的高温物理化学性质，反映了铁矿石在烧结过程中的高温行为和作用，是评价铁矿石本身对烧结矿性能影响的一项重要指标。铁矿石的烧结基础特性主要包括同化性、液相流动性、黏结相强度、连晶特性和铁酸钙生成性能。烧结杯试验是在实验室模拟现场铁精粉的烧结过程，得到单种或多种精粉烧结特性参数，如垂直烧结速度、烧结矿转鼓强度等的一种实验手段。通过烧结杯试验，可以为烧结配矿选择合适的工艺参数提供参考，现已成为烧结生产不可缺少的试验手段之一。

充分把握铁矿石的基础特性以深化对烧结过程中铁矿石高温行为和作用的认识，是钢铁企业优化烧结配矿和提高烧结矿质量的前提。近年来，由于国内铁矿石的缺乏和国外铁矿石的大量进口，烧结原料结构发生了巨大的变化。钢铁企业的铁矿石存在种类复杂、来源不稳和烧结基础特性数据缺乏等问题，烧结矿质量难以保证。实践表明，不同种类铁矿石的烧结基础特性存在显著差异，在烧结过程中所表现出来的行为和作用也明显不同。通过研究分析铁矿石的烧结基础特性与烧结杯特性之间的关系，对合理利用矿石资源及改善烧结矿质量，降低生铁成本和提高企业的经济效益具有重要意义。

2.2　铁矿粉烧结基础特性

2.2.1　同化性

同化性是指铁矿粉在烧结过程中与CaO的反应能力，表征烧结过程中液相生成的难易程度。从混合料角度讲，烧结反应是从形核铁矿石和周围黏附的细小颗粒（包括铁矿粉、燃料和熔剂）界面上开始的。烧结初始液相生成后，形核颗粒逐渐溶解到液相中，该过程称为同化。而同化反应形成的初始液相的性质决定着烧结反应中黏结相的组织和结构。因此，铁矿粉的同化性成为考察烧结过程中烧结矿有效固结能力的重要指标，对改善烧结过程和烧结矿性能起着重要的作用。

2.2.1.1　同化性能的影响因素

近年来，国内外学者对铁矿粉同化性能的影响因素进行了大量研究，研究结果表明[4,5]，影响铁矿粉同化性能的因素主要为化学成分和矿物类型。铁矿粉中MgO含量高，烧结过程中生成的高熔点物质增多，低熔点液相减少，铁矿粉的同化温度升高。此外，铁矿粉中的MgO能促进赤铁矿向磁铁矿转变，而磁铁矿不能直接与CaO反应，所以铁矿粉的同化能力随MgO含量的升高而降低。铁矿石的结晶水含量高，烧结过程中结晶水分解产生大量气孔和裂纹，有利于Ca^{2+}和Fe^{3+}之间的相互扩散，促进低熔点液相的生成，铁矿粉的同化温度降低。

铁矿石的同化温度与SiO_2和Al_2O_3含量密切相关。当铁矿石中SiO_2和Al_2O_3以黏土形式存在时，其与CaO和Fe_2O_3更容易生成低熔点液相，铁矿粉的同化能力增强。当铁矿粉中SiO_2和Al_2O_3分别以石英和三水铝石形式存在时，由于游离态的石英和三水铝石不利于低熔点液相的生成，SiO_2和Al_2O_3则抑制铁矿粉的同化作用[6]。

铁矿粉的类型对同化性影响较大，如褐铁矿极易同化，赤铁矿次之，磁铁矿则最难同化[7]。同化性除了与矿石种类有关外，还与铁矿粉的气孔率和烧损率、铁矿物的形貌及铁矿粉致密程度有关[8]：气孔率高的铁矿粉与CaO的反应界面大，有助于提高同化反应的速率；气孔率与烧损含量有着较强的正相关关系，加之结晶水挥发后会产生更多的气孔和裂纹，从而提高其同化性。这也进一步解释了褐铁矿同化性远高于其他类型铁矿粉同化性的现象；晶粒越小，铁矿粉的同化性越高，晶粒粗大则减弱铁矿粉的同化性。

2.2.1.2 同化性对烧结矿性能的影响

在相同的烧结条件下，铁矿粉的同化性低，烧结过程中生成的液相量少，不利于烧结混合料的熔化黏结，从而影响烧结矿的固结强度。此外，铁矿粉的同化性低，烧结过程中 Fe_2O_3 与 CaO 反应不完全，烧结矿中易形成 CaO 残余物，其遇水后形成 $Ca(OH)_2$ 进而体积膨胀，烧结矿的强度降低。反之，铁矿粉的同化性过高，烧结料层中液相生成量过多，烧结过程中起固结作用的核矿石减少，烧结料层透气性恶化，影响烧结矿的质量和产量。因此，烧结生产过程中铁矿粉适宜的同化温度，对优化烧结配矿和改善烧结矿质量具有重要意义[9,10]。

2.2.2 液相流动性

液相流动性指烧结过程中铁矿粉与 CaO 反应生成液相的流动能力，它表征的是黏结相的有效黏结范围。烧结过程中低熔点物质在高温作用下熔化生成液相，而生成的液相对周围未熔物料浸润、黏结、反应完成烧结矿的固结。因此，烧结矿的强度不仅取决于残留原矿和黏结相的自身强度，还取决于两者之间的接触程度。烧结过程中液相的流动使残留原矿及黏结相有适宜的接触面积，从而有利于烧结矿获得足够的固结强度[11,12]。因此，铁矿粉的液相流动性对改善烧结矿的性能具有重要意义。

2.2.2.1 液相流动性能的影响因素

研究结果表明[13]，铁矿粉液相流动性的影响因素主要为铁矿粉的结晶水含量、同化性和化学成分。铁矿粉结晶水含量高，烧结过程中结晶水分解，产生大量气孔，而残留于液相中的气孔使液相的黏度升高，铁矿粉的液相流动能力降低。在烧结条件相同的情况下，铁矿粉的同化性强，容易生成低熔点液相，液相过热度增大，液相黏度降低，流动流动能力增强。此外，铁矿粉中 MgO 能明显降低铁矿粉的液相流动能力，而 SiO_2 含量对液相流动性的影响较复杂。一方面，铁矿粉中 SiO_2 含量高，在碱度相同的条件下，配加的 CaO 增多，烧结过程中液相量增多，铁矿粉的液相流动性指数升高；另一方面，SiO_2 能够促进熔融黏结相中复杂硅氧四面体离子团的生成，黏结相的黏度升高，液相流动能力降低。

2.2.2.2 液相流动性对烧结矿性能的影响

烧结过程中铁矿粉的液相流动能力过低，液相黏结周围物料的能力下降，部分散料得不到有效黏结，烧结矿的强度降低。铁矿粉液相流动性的提高使其"有效黏结范围"扩大，粉状烧结料团聚成块状的趋势增强，有利于烧结矿强度的改善。此外，铁矿石的液相流动能力的升高使烧结过程中液相黏结的物料增多，烧结阻力增大，垂直烧结速度降低，高温保持时间延长，矿物结晶充分，烧结矿的结构更加致密，烧结矿的强度和 $RDI_{+3.15}$ 得到改善。

但是，铁矿粉的液相流动能力并非越高越好。当烧结过程中铁矿粉的液相流动能力过高时，液相黏结的物料进一步增多，烧结阻力增大，料层透气性恶化，从而影响整个烧结过程和烧结矿的质量。此外，铁矿粉的液相流动能力过大，液相对周围物料的黏结层厚度变薄，烧结矿易形成薄壁大孔结构，烧结矿的强度下降。因此，铁矿粉适宜的液相流动性是烧结矿有效固结的基础[14,15]。

2.2.3　黏结相强度

铁矿粉的同化性和液相流动性分别表征了铁矿粉在烧结过程中生成低熔点液相的能力和低熔点液相的流动能力。两项指标反映了铁矿粉对烧结过程中黏结相数量的贡献程度。烧结过程中足够的黏结相数量是烧结矿固结的基础，而铁矿粉的黏结相自身强度对烧结矿性能也有较大影响[16,17]。

2.2.3.1　黏结相强度的影响因素

黏结相强度是指烧结过程中液相冷却时生成的黏结相对周围核矿石进行有效固结的能力。研究结果表明[18]，铁矿粉黏结相强度的影响因素主要为铁矿粉的结晶水含量、液相流动性能和黏结相的矿物组成。铁矿粉结晶水含量高，烧结过程中结晶水分解，黏结相内部形成大量气孔和裂纹，黏结相的自身强度降低。此外，烧结过程中铁矿粉适宜的同化性和液相流动性为高强度黏结相的生成奠定基础，一般而言，同化性较好，液相流动能力较大的铁矿粉的黏结相强度较高。黏结相的矿物组成亦是决定其自身强度的重要因素。普通烧结矿的黏结相主要为铁酸钙、玻璃质、硅酸二钙、黄长石和镁硅钙石等，而以针状铁酸钙为主要黏结相的烧结矿强度较高，以其他矿物主要黏结相的强度较低。因此，黏结相矿物组成中复合铁酸钙生成量越多，玻璃质含量越少，黏结相自身强度越高。

2.2.3.2　黏结相强度对烧结矿性能的影响

烧结矿的强度是衡量烧结矿性能的一项重要指标，而对非均质烧结矿而言，烧结矿的固结主要是通过黏结相对周围核状矿石的黏结完成。而核矿石由于其自身强度较高，不会成为烧结矿固结强度的限制因素。因此，在烧结条件相同的情况下，黏结相自身强度在很大程度上决定了烧结矿的强度。足够的黏结相是烧结矿固结的基础，而黏结相自身强度亦是影响烧结矿性能的重要因素[19]。

2.2.4　连晶强度

通常认为铁矿粉烧结是液相型烧结，靠发展液相黏结周围物料产生固结。但实际烧结过程物料化学成分和热源的偏析是难以避免的，从而导致某些区域 CaO 含量较少，不能产生足够的液相（如铁酸钙体系）。此外，高铁低硅烧结生产高碱度烧结矿时，烧结过程温度较低且配碳量较少，局部液相量不足，不利于烧结矿强度的提高。因此，烧结的局部范围内铁矿粉之间通过发展连晶来获得固结强度，进而改善烧结矿的质量[20]。

2.2.4.1 连晶强度的影响因素

连晶特性是指铁矿粉在烧结过程中通过晶键连接获得强度的能力。研究表明[21,22]，铁矿粉连晶强度的影响因素主要为铁矿粉的结晶水含量、脉石分布和含铁矿物类型。结晶水含量对铁矿石连晶强度有双重影响。一方面，结晶水分解产生气孔，有利于铁矿粉的氧化和还原，进而促进铁矿粉的连晶固结；另一方面，结晶水分解产生孔隙，不利于固相扩散和连晶发展，抑制铁矿粉的连晶。此外，铁矿粉固相扩散能力有限，当铁矿物晶粒细小、分布集中时，易于产生连晶；当铁矿物晶粒粗大且分布分散时，不利于铁矿粉连晶的产生。铁矿粉的含铁矿物主要为赤铁矿和磁铁矿，与赤铁相相比，磁铁矿在低温条件下便开始生成具有高度迁移能力的 Fe_2O_3 而微晶，晶粒的长大速度较快，从而可以获得较高的连晶强度。

2.2.4.2 连晶强度对烧结矿性能的影响

铁矿粉的连晶固结是通过单元系或多元系的固相扩散形成固溶体产生连接。烧结过程中高温区的碳粒周围赤铁矿可能被还原成 Fe_3O_4。当温度高于 900℃ 时，Fe_3O_4 晶粒通过扩散产生 Fe_3O_4 晶键连接，随温度的升高，Fe_3O_4 发生再结晶和晶粒长大而结合成一个整体。烧结过程为弱氧化性气氛，离碳粒较远处的 Fe_3O_4 可能被再次氧化，生成 Fe_2O_3 微晶，其高度的迁移能力促使微晶长大形成 Fe_2O_3 微晶键，进而获得较高的固结强度[23]。因此，铁矿粉适宜的连晶强度是提高烧结矿性能的重要保障。

2.2.5 铁酸钙生成能力

铁酸钙生成性能是指铁矿粉在烧结过程中复合铁酸钙的生成能力。铁矿粉烧结的理论和实践都表明：在烧结黏结相中，复合铁酸钙（SFCA）黏结相最优，增加烧结矿中复合铁酸钙含量既有利于提高烧结矿的强度，又有利于改善烧结矿的冶金性能。因此，人们进行了大量的铁酸钙生成机理的研究[24]。研究表明：在碱度为 1.8～2.0，烧结温度 1250～1280℃ 和较强的氧化性气氛下，烧结过程中易生成以铁酸钙为主的黏结相。烧结矿中如果复合铁酸钙数量较多且大多以交织熔蚀结构存在，则烧结矿的强度和冶金性能得到进一步的改善[25]。

研究表明[26]，铁矿粉的铁酸钙生成性能主要与铁矿粉的矿物类型和化学成分有关。铁矿粉的含铁矿物主要有赤铁矿和磁铁矿，磁铁矿烧结时，铁酸钙的生成是建立在磁铁矿被氧化成赤铁矿的基础上，因此，磁铁矿烧结生成铁酸钙相对困难。铁矿粉中一定量的 SiO_2 可以促进复合铁酸钙的生成，但 SiO_2 含量较高时，由于 SiO_2 与 CaO 的亲和力大于 Fe_2O_3，进而抑制铁酸钙的生成。

2.3   钒钛磁铁矿烧结基础特性

2.3.1   单矿烧结基础特性

2.3.1.1   试验设备

铁矿粉烧结基础特性试验设备主要包括：TSJ-3 型微型烧结机、自动退模制样机、抗压强度测定仪。TSJ-3 型微型烧结机以红外线为热源，能够快速升温和降温；配有小型高性能程序温控仪，升、降温均可程序控制；试样台自动升降及任意无级调速，进而模拟烧结过程，研究铁矿粉的同化性、液相流动性、黏结相强度、连晶强度和铁酸钙生成能力等。铁矿粉烧结基础特性检测设备如图 2-1 所示。

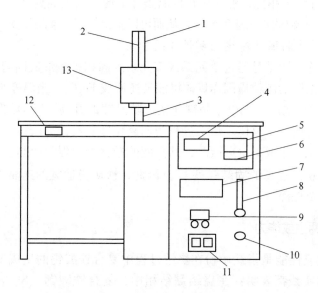

图 2-1   微型烧结设备示意图

1—石英管；2—热电偶；3—试验台及升降装置；4—温控仪电流表；5—温控仪显示器；
6—温控仪设置按钮；7—温度表；8—气体流量表及调节旋钮；9—升降装置速率表；
10—气体转换开关；11—电源开关；12—升降装置开关；13—红外线快速升温炉

2.3.1.2   单种钒钛铁精粉的化学成分和粒度组成

铁精粉按照 TiO_2 的含量分成普通精粉、中低钛精粉和高钛精粉。其中典型的中低钛含钒精粉的化学成分见表 2-1。

表 2-1　钒钛铁精粉的化学成分　　　　（质量分数/%）

矿　种	$w(TFe)$	$w(CaO)$	$w(SiO_2)$	$w(TiO_2)$	$w(V_2O_5)$	$w(MgO)$	$w(Al_2O_3)$
含钒精粉	63.11	1.20	3.60	3.05	0.44	1.10	1.21
黑山钒粉	59.76	0.80	2.10	8.02	0.74	1.28	2.84
普通精粉	66.17	0.80	5.19	0.59	0.07	0.46	0.78
印尼海砂	59.32	1.07	5.30	12.50	0.66	—	1.35
美国精粉	62.59	0.80	4.15	0.09	0.00	0.38	0.98
PB 粉	61.50	0.32	3.73	0.43	0.05	0.32	1.96

由表 2-1 可知，含钒精粉的含铁品位较高，SiO_2 含量相对较低，TiO_2 含量高，烧结性能较差；黑山精粉含铁品位一般，SiO_2 含量最低，TiO_2、Al_2O_3 含量最高，烧结性能同样不好；普通精粉含铁品位高，SiO_2 含量高，是典型的磁铁矿，提高其配比有利于改善钒钛磁铁烧结矿的质量；印尼海砂含铁品位较低，SiO_2、TiO_2 含量高，也属烧结性能较差的原料，提高其配比会严重影响烧结矿的质量，应限制其用量。美国精粉属褐铁矿，含铁品位略低，SiO_2 含量低。

几种铁精粉的粒度组成见表 2-2。

表 2-2　钒钛铁精粉的粒度组成

矿粉名称	体积分布对应粒径/μm					平均粒径/μm
	<10%	<25%	<50%	<75%	<90%	
小营精粉	10.63	29.07	74.90	163.20	289.10	127.10
黑山钒粉	14.10	33.60	67.92	110.40	159.50	81.66
普通精粉	9.39	26.42	73.49	143.90	236.30	105.10
印尼海砂	71.92	115.60	157.40	222.50	298.70	175.10
美国精粉	11.48	30.24	74.91	145.14	321.70	141.20

由表 2-2 可知，小营精粉与普通精粉粒度分布较均匀，主要分布于 20 ~ 400μm 之间，普通精粉次之，主要分布于 60 ~ 300μm 之间，黑山精粉主要分布在 40 ~ 150μm，印尼海砂分布最集中，基本都大于 100μm，100 ~ 300μm 占绝大部分。美国精粉粒度也较大，为 141.20μm，主要分布在 60 ~ 400μm。

2.3.1.3　单种钒钛铁精粉的同化性

通过测定铁矿粉与 CaO 接触面发生反应（产生熔化特征）的温度和时间来确定含铁原料的同化能力的强弱。采用 RD-04 型全自动熔点测定仪进行铁矿粉同化性能的检测。利用专用模型将铁矿粉压制成 φ5mm × 5mm 的圆柱形试样，然后将铁矿粉试样置于 CaO 试样之上，放入 RD-04 型全自动熔点测定仪中，在空气气氛下升温加热，升温速度控制为：600℃ 以下，15℃/min；600℃ 以上，10℃/min。将铁矿粉试样开始熔化（试样高度减至原试样 50% 时）的温度定义为最低同化温度，测定不同铁矿粉达到这一同化特征的温度，从而由此来评价不同矿粉的同化性能。

由图 2-2 可知，印尼海砂以及黑山钒粉的同化温度均超过了 1315℃，普通精粉、含钒精粉和美国精粉的同化温度在 1280~1300℃ 之间，上述精粉的同化温度均偏高。PB 粉同化温度略低，为 1270℃，属于同化性较差的矿种。

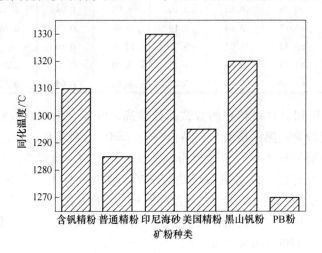

图 2-2 铁精粉的同化温度

由于黑山钒粉、印尼海砂中 TiO_2 含量比较高，使得同化温度明显升高，由此可见，TiO_2 不利于提高烧结矿的液相量，适当的增加普通精粉的用量可以改善烧结矿的同化性能。

铁精粉的同化性差，烧结过程中产生的液相较少，烧结矿中黏结相的数量少，这是钒钛烧结矿强度差的一个重要的原因，要改善钒钛烧结矿强度必须增加烧结过程中产生的液相量。

2.3.1.4 单种钒钛铁精粉的液相流动性

铁矿石的液相流动性一般无法用通常的炉渣黏度测量方法来确定。因此，定义了"流动性指数"来确定铁矿石的液相流动性能。将铁矿粉与 CaO 按二元碱度的要求进行配料，根据高碱度烧结矿对黏附粉的碱度要求以及考虑到物料偏析的影响，二元碱度选取为 4.0。铁矿粉与 CaO 混匀后利用专用模型压制成 $\phi 5mm \times 5mm$ 的圆柱形试样，然后在模拟烧结温度曲线和气氛的条件下在 RD-04 型全自动熔点测定仪中进行焙烧，考虑到低温烧结的原则，试验温度控制在 1280℃。通过测定每个圆柱形试样焙烧前后的投影面积，并利用以下公式计算出铁矿粉的液相流动性指数。

流动性指数 = （试样流动后面积 – 试样原始面积)／试样原始面积

铁精粉的流动性指数测试结果如图 2-3 所示。普通精粉、美国精粉、含钒精粉的流动性指数分别为 4.97、3.79、1.99，均大于 1.6，流动性过强，而黑山钒粉、印尼海砂、PB 粉的流动性指数分别为 0.08、0.06、0.11，几乎不流动，所以说几种含铁原料的流动性指数普遍较差。液相流动性不同的铁矿粉搭配使用，可获得液相流动性适宜的混合矿粉。

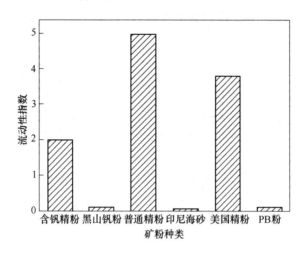

图 2-3 铁精粉的流动性指数

铁矿粉的流动性还与其化学成分有关，钒钛铁精粉的 SiO_2 含量较低，形成的液相量少，且其中的 TiO_2 和 CaO 生成高熔点的钙钛矿，不利于液相流动。由于普通精粉 SiO_2 含量较大，矿粉与 CaO 的反应能力强，易于生成液相，因此其流动性也最好。大量使用普通精粉会导致黏结相过度流动，烧结矿出现薄壁大孔结构，影响烧结矿的固结强度，所以其使用比例也不宜过多。通过不同矿粉的搭配使用，可以达到合适的流动性。

2.3.1.5 单种钒钛铁精粉的黏结相强度

采用微型烧结法对不同铁矿粉的黏结相强度进行测试，对每种矿粉按不同的碱度（2.0~2.8）配成黏附粉，利用专用模型压制成 $\phi 5mm \times 5mm$ 的圆柱形试样，然后在模拟烧结温度曲线和气氛的条件下烧结，烧结温度为 1280℃，恒温 5min。通过测定黏附粉试样烧结后的抗压强度（压溃时所对应的最小压力）来评价各种铁矿石的黏结相强度。碱度为 2.2 时，各种精粉的黏结相强度见图 2-4。

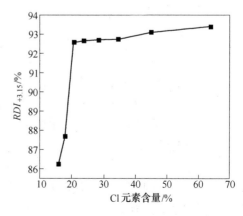

图 2-4 铁矿粉的黏结相强度（$R=2.2$）

铁矿粉的黏结相强度与碱度的关系如图 2-5 所示。根据图 2-5 可知,铁矿粉黏结相强度随碱度的变化可归纳为 3 类:(1)单调递减,如普通精粉、美国精粉、PB 粉,这类矿粉的普遍特点是同化温度低,液相流动性指数较高;(2)先升后降,如本地钒钛矿含钒精粉和黑山钒粉;(3)先降后升再降,如进口钒钛矿印尼海砂。

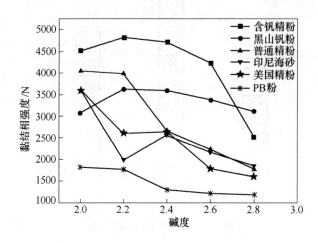

图 2-5 铁矿粉的黏结相强度与碱度的关系

2.3.1.6 单种钒钛铁精粉的连晶性能

将铁矿粉利用专用模型压制成 $\phi5mm \times 5mm$ 的圆柱形试样,然后在模拟烧结温度曲线和气氛的条件下在二硅化钼炉进行焙烧,考虑到低温烧结的原则,试验温度控制在 1280℃。通过测定不加 CaO 的铁矿粉试样烧结后小饼抗压强度来表征铁矿粉的连晶固结强度来比较矿粉连晶性能的大小。由于烧结时间对矿粉的连晶性能有很大影响,试验小饼在高温区的停留时间分别为 3min 和 5min,用以对比时间对连晶固结强度的影响。

铁矿粉的连晶固结强度如图 2-6 所示,从图 2-6 可知:

(1)在相同的试验条件下,各种矿粉的连晶固结强度由大到小排序为:普通精粉、印尼海砂、小营精粉、黑山精粉。普通精粉是典型的磁铁矿,其磁铁矿含量多于其他三种矿,磁铁矿的连晶性能最优,所以普通精粉的连晶固结强度较好。印尼海砂的连晶性能次之,主要是由于其结构致密、粒度较粗,有利于连晶发育。而小营精粉和黑山精粉相对疏松,因此其连晶固结强度较弱,且相差不大。

(2)随着烧结时间的增加,四种矿粉的连晶固结强度都有不同幅度的增加。连晶固结强度好的矿粉,随烧结时间的增加,固结强度增加也较多。如普通精粉 3min 后的固结强度为 210N,5min 后固结强度为 300N,增加了 90N。而本身固结

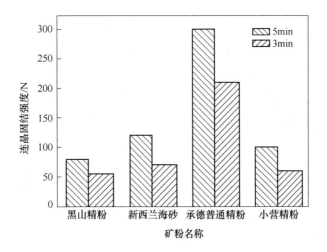

图 2-6 铁矿粉的连晶固结强度

强度较差的黑山精粉从 3min 到 5min 只增加了 25N。

2.3.2 配矿烧结基础特性

由于印尼海砂、美国精粉的价格相对低廉，属低价料，为了研究其配比对钒钛烧结矿质量的影响规律，进而最大限度的使用该低价料，现对其进行配矿基础性能试验研究。

2.3.2.1 印尼海砂配矿基础性能研究

为了模拟实际生产，用印尼海砂代替部分普通精粉，研究印尼海砂配比对混合料基础性能的影响。具体试验方案见表 2-3，试验结果如图 2-7 ~ 图 2-9 所示。

表 2-3 烧结试验方案 （%）

方　案	印尼海砂	含钒精粉	PB 粉	普通精粉	杂　料
P-0	0	13	27.2	51.3	8.5
P-1	7	13	27.2	44.3	8.5
P-2	9	13	27.2	42.3	8.5
P-3	12	13	27.2	39.3	8.5
P-4	15	13	27.2	36.3	8.5
P-5	20	13	27.2	31.3	8.5

由图 2-7 ~ 图 2-9 可知，由于钒钛磁铁矿结构致密，SiO_2 含量低而 TiO_2 含量高，导致钒钛混合矿粉同化温度普遍较高，在 1312 ~ 1332℃ 之间；混合矿粉的液

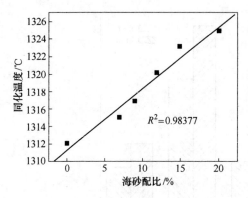

图 2-7　印尼海砂对同化温度的影响

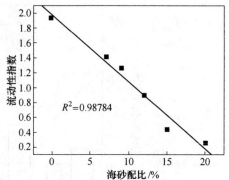

图 2-8　印尼海砂对流动性指数的影响

相流动性指数适中，在 0.25 ~ 1.94 之间；混合矿粉的黏结相强度偏低，只有 2534 ~ 5167N。

　　六种矿粉中印尼海砂的同化温度最高，液相流动性指数最低，随着海砂配比的增加，普通精粉用量的减少，致使混合料的同化温度明显升高，液相流动性指数直线降低，线性加和关系明显。黏结相强度随着海砂配比的增加先升高后降低，方案 P-2 的黏结相强度最高为 5167N。这是因为印尼

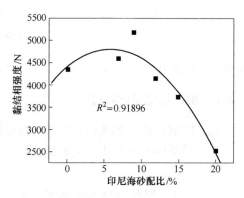

图 2-9　印尼海砂对黏结相强度的影响

海砂中的 SiO_2 含量较高，适当的增加其配比可弥补钒钛磁铁矿液相量的不足的缺点，但随着海砂配比的继续升高，生成的钙钛矿数量明显增多，使得混合料黏结相强度明显降低。由此可见，海砂配比增加，同化性及液相流动性变差，但适当增加配比可改善混合矿的黏结相强度。

2.3.2.2　美国精粉配矿基础性能研究

　　美国精粉配比对钒钛混合料基础性能的影响，具体试验方案见表 2-4，试验结果如图 2-10 ~ 图 2-12 所示。

表 2-4　烧结试验方案　　　　　　　　　　（%）

编　号	美国精粉	含钒精粉	PB 粉	普通精粉	杂　料
M-1	0	51.3	27.2	13	8.5
M-2	5	46.3	27.2	13	8.5
M-3	10	41.3	27.2	13	8.5
M-4	15	36.3	27.2	13	8.5
M-5	20	31.3	27.2	13	8.5

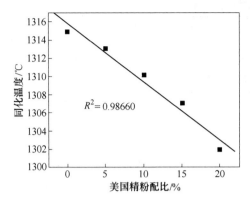

图 2-10 美国精粉对同化温度的影响

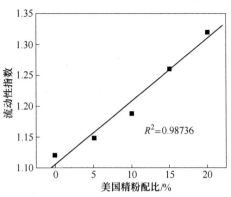

图 2-11 美国精粉对流动性指数的影响

由图 2-10 ~ 图 2-12 可见，混合料的同化温度依然较高，在 1302 ~ 1315℃之间；液相流动性指数变化不大，在 1.12 ~ 1.32 之间；黏结相强度依然偏低，在 4628 ~ 5298N 之间。

同样由于美国精粉的同化温度低于含钒精粉，而流动性指数高于含钒精粉，随着美国粉配比的增加含钒精粉含量的减少，致使混合料的同化温度降低，流动性指数升高，具有一定的线性加和关系。黏结相强度随着美

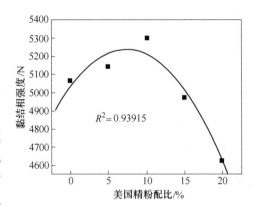

图 2-12 美国精粉对黏结相强度的影响

国精粉配比的增加先升高后降低，当美国精粉配比为 10% 时黏结相强度最高，为 5298N。由此可见，适当增加美国精粉配比可改善钒钛磁铁矿的高温基础性能，但不宜过高。

2.4 钒钛磁铁矿烧结杯特性

2.4.1 烧结试验及检测方法

2.4.1.1 烧结杯试验过程

试验使用主要含铁原料的化学成分（烧结试验配比）见表 2-5，使用燃料的固定碳含量（质量分数）为 78%。试验分别研究了钒钛磁铁烧结矿与碱度、燃料配比、MgO 含量和 TiO_2 含量的关系。前三项的试验使用配比（试验方案）见表 2-6。烧结试验具体方案见表 2-7。

表 2-5　烧结试验配比　　　　　　　　（%）

黑山精粉	普通精粉	印尼海砂	小营精粉	机 返	球 返
14.0	30.0	5.0	27.5	20	3.5

表 2-6　试验方案

项　目	编　号	碱 度	燃料/%	$w(MgO)/\%$
碱度与烧结矿性能的关系	F-1	1.7	4.5	3.0
	F-2	2.0	4.5	3.0
	F-3	2.3	4.5	3.0
	F-4	2.6	4.5	3.0
燃料配比与烧结矿性能的关系	F-5	2.3	4.0	3.0
	F-6	2.3	4.5	3.0
	F-7	2.3	5.0	3.0
	F-8	2.3	5.5	3.0
MgO 含量与烧结矿性能的关系	F-9	2.3	4.5	3.55
	F-10	2.3	4.5	3.71
	F-11	2.3	4.5	3.88
	F-12	2.3	4.5	4.44

钒钛磁铁烧结矿与 TiO_2 含量的关系的试验方案见表 2-7。

表 2-7　烧结试验方案

编　号	含铁原料配比/%						$w(TiO_2)/\%$
	黑山精粉	普通精粉	机返	印尼海砂	小营精粉	球返	
F-13	14.0	30.0	20.0	5.0	27.5	3.5	3.04
F-14	16.0	28.0	20.0	5.0	27.5	3.5	3.35
F-15	18.0	26.0	20.0	5.0	27.5	3.5	3.88
F-16	20.0	24.0	20.0	5.0	27.5	3.5	4.37

　　烧结杯内径为 300mm，各次试验用料按试验设计方案配料，每次试验的总原料量为 50kg，人工加水拌匀，混合料水分控制为 7% 左右，然后加入 $\phi600mm \times 1200mm$ 的小型圆筒混料机内进行混匀造球，混匀造球的时间控制为 7min。烧结杯底层放置 1.0kg 大于 10mm 的成品烧结矿作为铺底料，烧结料层厚度控制为 500mm，烧结负压控制为 12000Pa。采用石油液化气进行烧结点火，烧结点火温度控制为 1150℃，烧结点火时间为 1.5min，烧结点火负压控制为 8000Pa，将烧结废气温度开始下降时定为烧结终点。烧结试验装置如图 2-13 所示。

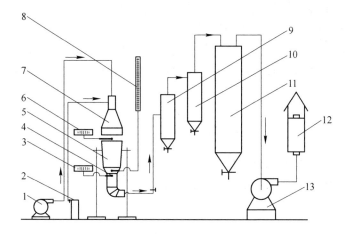

图 2-13 烧结试验装置示意图

1—助燃风机;2—液化石油气罐;3—废气温度显示仪;4—热电偶;5—烧结杯;

6—点火温度显示仪;7—点火器;8—负压计;9——级旋风除尘器;

10—二级旋风除尘器;11—泡沫除尘器;12—消声器;13—抽风机

2.4.1.2 烧结试验控制与检测

烧结试验自动控制界面如图 2-14 所示。

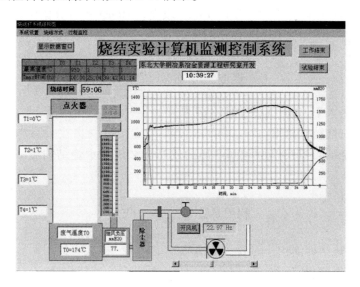

图 2-14 烧结试验的控制界面

试验采用非恒压操作,风机运转频率取决于混合料初始透气性,负压曲线表征烧结过程中料层的透气性情况,可整体分析烧结过湿层厚度及液相量多少。以废气温度开始下降时作为烧结终点,计算烧结时间。

2.4.1.3 垂直烧结速度和烧损率

烧结过程中在相同点火、抽风负压条件下,根据烧结混料装料高度和烧结时间确定垂直烧结速度。根据烧结矿产出量与初始装料量计算烧损率,计算方法如下:

$$垂直烧结速度 = \frac{H_1 - H_2}{t} \quad (\text{mm/min}) \qquad (2\text{-}1)$$

式中　H_1——装料前铺底料面至下杯口的高度,mm;
　　　H_2——装料后料面至下杯口的高度,mm;
　　　t——烧结时间,min。

$$烧损率 = \frac{m_0 - (m_1 - m_2)}{m_0} \times 100\% \qquad (2\text{-}2)$$

式中　m_0——加入试样质量,kg;
　　　m_1——产出烧结矿质量,kg;
　　　m_2——铺底料质量,kg,试验中 $m_2 = 4.0\text{kg}$。

2.4.1.4 烧结矿的成品率和利用系数

烧结矿从烧结杯倒出后,烧结饼置于 2m 高自由落下至铁板 3 次,分别不同孔径的方孔筛逐级筛分,根据生产实际,取大于 10mm 的百分比作为烧结矿的成品率。

$$成品率 = \frac{G_1}{W} \times 100\% \qquad (2\text{-}3)$$

式中　G_1——大于 10mm 粒级的烧结矿质量,kg;
　　　W——烧结矿总重,kg。

以单位烧结面积在单位时间产出的成品烧结矿表示烧结利用系数,计算式如下:

$$利用系数 = \frac{G_1}{St} \times 100\% \qquad (2\text{-}4)$$

式中　S——烧结杯面积,m^2;
　　　t——烧结时间,min。

2.4.1.5 烧结矿的机械强度

根据(YB/T 5166—2005)烧结矿球团矿机械强度检测方法进行,试样为大于 10mm 的成品烧结矿 7.5kg。所用转鼓为 $\phi1000\text{mm} \times 250\text{mm}$ 的 1/4ISO 转鼓,以 25r/min 的转速转动 8min 后,取大于 6.3mm 的百分比作为烧结矿的转鼓指数,取小于 0.5mm 的百分比作为烧结矿的抗磨指数。

转鼓指数：
$$T = \frac{m_1}{m_0} \times 100\%$$
(2-5)

抗磨指数：
$$A = \frac{m_0 - (m_1 + m_2)}{m_0} \times 100\%$$
(2-6)

式中　m_0——人鼓试样质量，kg；

　　　m_1——转鼓后 +6.3mm 粒级部分质量，kg；

　　　m_2——转鼓后 -6.3 ~ +0.5mm 粒级部分质量，kg。

2.4.1.6　烧结矿低温还原粉化性能

根据《铁矿石低温还原粉化试验静态还原后使用冷转鼓的方法》（GB/T 13242—1991）进行烧结矿的低温还原粉化试验。烧结矿的低温还原粉化试验分为定温还原试验和转鼓试验两部分。

试样为（500 ±1）g 粒度为 10 ~ 12.5mm 的成品烧结矿，还原温度控制为（500 ±5）℃，还原气体的成分控制为 CO : CO_2 : N_2 = 20 : 20 : 60，还原气体的流量控制为 15L/min，还原的时间控制为 1h。还原后的试样在纯 N_2 保护下冷却至室温，称重后装入尺寸为 φ130mm × 200mm 的转鼓，转鼓以 10r/min 的速度转 300 转，取出后分别用 6.3mm、3.15mm、0.5mm 的方孔筛进行筛分，分别将试样中大于 6.3mm 的百分比、大于 3.15mm 的百分比、小于 0.5mm 的百分比以 $RDI_{+6.3}$、$RDI_{+3.15}$ 和 $RDI_{-0.5}$ 表示。$RDI_{+3.15}$ 为考核指标，$RDI_{+6.3}$ 和 $RDI_{-0.5}$ 为参考指标。

计算方法如下：

$$RDI_{+6.3} = \frac{m_{D1}}{m_{D0}} \times 100\%$$
(2-7)

$$RDI_{+3.15} = \frac{m_{D1} + m_{D2}}{m_{D0}} \times 100\%$$
(2-8)

$$RDI_{-0.5} = \frac{m_{D0} - (m_{D1} + m_{D2} + m_{D3})}{m_{D0}} \times 100\%$$
(2-9)

式中　m_{D0}——还原后转鼓前试样的质量，g；

　　　m_{D1}——6.3mm 筛上的试样质量，g；

　　　m_{D2}——3.15mm 筛上的试样质量，g；

　　　m_{D3}——0.5mm 筛上的试样质量，g。

2.4.1.7　烧结矿的中温还原性能

采用国家标准（GB/T 13241—1991）进行测定。在固定床中用 CO 和 N_2

的混合气体进行等温还原，试样粒度 10.0 ~ 12.5mm，试样质量 (500 ± 1) g，还原温度 (900 ± 5)℃，还原气体成分 CO：N_2 = 30：70，还原气体流量为 15L/min，还原时间 3h。还原度指数（RI）是指铁矿石还原 3h 时后的还原度。铁矿石还原装置如图 2-15 所示。以三价铁为基准，用下列公式计算还原时间 3h 后的还原度 RI_t，以质量百分数表示：

$$RI_t = \left(\frac{0.11W_1}{0.430W_2} + \frac{m_1 - m_t}{m_0 \times 0.43W_2} \right) \times 100\% \qquad (2\text{-}10)$$

式中　m_0——试样的质量，g；
　　　m_1——还原开始前试样质量，g；
　　　m_t——还原 t min 后试样质量，g；
　　　W_1——试验前试样中 FeO 含量，%；
　　　W_2——试验前试样的 TFe 含量，%。

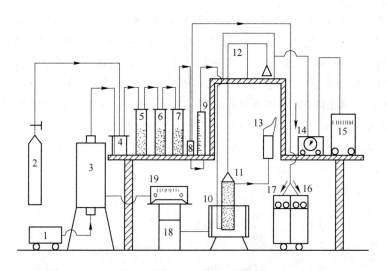

图 2-15　铁矿石还原装置示意图

1—空气压缩机；2—氮气瓶；3—CO 转化炉；4—混合器；5—洗涤瓶（吸收 O_2）；6—洗涤瓶（吸收 CO_2）；
7—洗涤瓶（干燥气体）；8—分支管；9—流量计；10—还原炉；11—反应管；12—电子天平；
13—废气燃烧器；14—运算器；15—记录仪；16—红外气体分析仪（分析记录 CO 量）；
17—红外气体分析仪（分析记录 CO_2 量）；18—温控台；19—温控仪

2.4.2　单烧性能

了解和掌握矿粉单烧烧结性质可为优化配矿提供理论基础。按下述配比：机烧返矿 20%、球团返矿 3.5%，碱度 2.0，焦粉配比 4% 进行单烧试验，得到四种精粉的具体烧结指标见表 2-8 和表 2-9。

表 2-8 垂直烧结速度及烧损率

矿 种	烧结时间/min	垂直烧结速度 /mm·min^{-1}	最高废气温度 /℃	产出量/kg	烧损率/%
黑山精粉	39.0	15.38	349	70.85	15.81
印尼海砂	45.0	13.33	387	73.65	14.56
普通精粉	38.5	15.58	407	64.45	15.66
小营精粉	40.5	14.81	444	69.45	15.05

表 2-9 烧结矿的粒度组成及转鼓指数 (%)

矿 种	>40mm	25~40mm	16~25mm	10~16mm	5~10mm	<5mm	成品率 (>10mm)	T	A
黑山精粉	26.33	19.24	19.52	9.62	13.06	12.22	74.72	55.33	8.53
印尼海砂	15.21	27.37	20.72	9.63	14.69	12.38	72.93	60.13	6.13
普通精粉	20.84	19.24	21.79	14.07	13.81	10.25	75.94	63.20	5.87
小营精粉	18.80	26.71	18.34	9.13	14.20	12.82	74.98	61.60	8.13

（1）四种铁精粉的烧结时间均较长，垂直烧结速度慢，废气温度较低，烧损率较低。烧结矿中的小粒级比例较高，转鼓指数均较低，主要因为钒钛磁铁矿的烧结基础性能较差，烧结过程中产生的液相少，烧结矿的黏结相不足所致。

（2）由于普通精粉的同化性和流动性均较好，且其 SiO_2 含量较多，烧结过程产生液相较多，因此其单烧速度最快，成品率最高，转鼓指数最高，烧结矿的质量较好。

不同矿粉单烧的垂直烧结速度如图 2-16 所示。

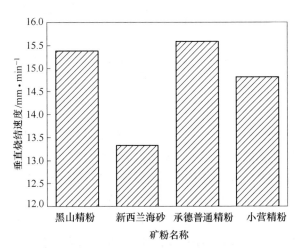

图 2-16 不同矿粉单烧的垂直烧结速度

不同矿粉单烧矿的成品率如图 2-17 所示。

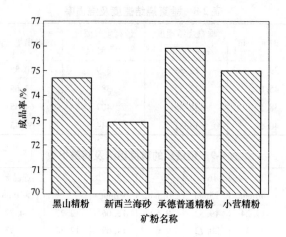

图 2-17 不同矿粉单烧矿的成品率

不同矿粉单烧的转鼓指数如图 2-18 所示。

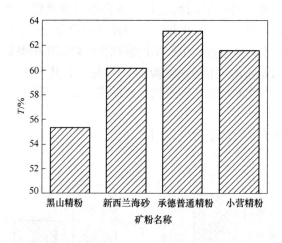

图 2-18 不同矿粉单烧的转鼓指数

（3）由于黑山精粉的 TiO_2 含量较高（7.72%），TiO_2 与 CaO 生成 CaO·TiO_2，并且抑制铁酸钙的生成。钙钛矿熔点为 1970℃，在冷却结晶过程中总是最先析出，削弱了硅酸盐液相的连接作用及钛赤铁矿与钛磁铁矿的连晶作用，从而破坏了烧结矿的强度，所以黑山精粉的单烧性能较差。

（4）小营精粉中 TiO_2 含量较低（3.08%），Al_2O_3 含量（4.26%）较高。由于 Al_2O_3 对复合铁酸钙形成有促进作用，增加液相的表面张力，促进氧离子在液相中的扩散，有利于铁氧化物的氧化，因此，小营精粉单烧矿的转鼓指数较好。

（5）印尼海砂的烧结基础性能最差，因此其单烧时间最长，成品率最低。但由于其连晶固结性能较好，其单烧矿的转鼓指数较好。

2.4.3 碱度与烧结矿性能的关系

2.4.3.1 烧结过程的技术指标

碱度与垂直烧结速度、成品率、转鼓指数的关系如图2-19～图2-21所示。由图2-19～图2-21可知，随着碱度提高，垂直烧结速度有所提高，烧结矿的成品率降低。碱度提高，意味着混合料中熔剂量的增加，混合料的堆比重降低，烧结料层的烧损增大，收缩后形成大量的气孔，烧结料层的

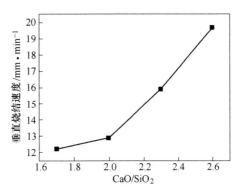

图 2-19 垂直烧结速度与碱度的关系

热态透气性得以明显改善，导致垂直烧结速度提高，成品率降低。

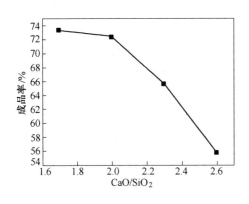

图 2-20 成品率与碱度的关系

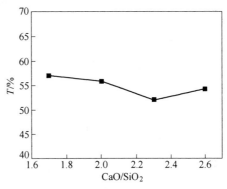

图 2-21 转鼓指数与碱度的关系

同时，随碱度升高，烧结矿转鼓强度先降低后升高，在碱度为1.7处为最高值。钒钛磁铁矿烧结过程中，由于 TiO_2 与 CaO 的结合能力比 Fe_2O_3 与 CaO 的结合能力强，当碱度较低时，CaO 与 TiO_2 生成一定量的钙钛矿。随着碱度的升高，增加的 CaO 大部分与 TiO_2 形成钙钛矿而不与 Fe_2O_3 形成铁酸钙，钙钛矿快速增加，烧结矿强度降低。TiO_2 全部与 CaO 生成钙钛矿后，随着碱度的进一步升高，Fe_2O_3 与 CaO 发生反应形成铁酸钙，烧结矿强度提高。

2.4.3.2 烧结矿的冶金性能

取不同碱度条件下粒度 10.0～12.5mm 之间的成品烧结矿进行冶金性能测定，碱度分别与烧结矿 $RDI_{+3.15}$、RI 的关系如图2-22、图2-23所示。

由图2-22可知，碱度对低温还原粉化影响较大。随着烧结矿碱度的升高，$RDI_{+3.15}$ 先降低再升高。碱度在 1.7～2.0 间，随碱度的增加，还原性提高，低温还原粉化下降，在碱度 2.0 时出现最低点。这说明在此碱度范围内，随碱度升高

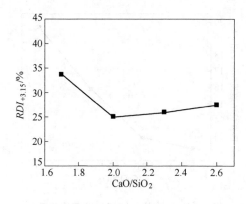

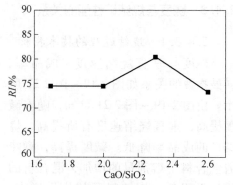

图 2-22 低温还原粉化指数与碱度的关系   图 2-23 烧结矿中温还原度与碱度的关系

钒钛磁铁烧结矿再生赤铁矿和钙钛矿含量增加，低温还原粉化指数出现低洼区。但随着碱度的进一步提高，钙钛矿的含量趋于稳定，铁酸钙的含量有所增加，从而使粉化得到改善。

在试验范围内，$RDI_{+3.15}$在碱度大于或小于 2.0 都有明显增加，1.7 时最高达到 35.03%，2.6 时为 32.71%，但仍远远低于高炉冶炼的要求。进一步降低或提高碱度，烧结工艺和高炉生产出现困难。因此，调整碱度不能根本解决钒钛磁铁烧结矿的低温还原粉化问题。

由图 2-23 可知，随着碱度增高，烧结矿还原度先升高后降低。碱度升高，由 TiO_2 与 CaO 生成的钙钛矿增多，高温状态下使烧结矿产生裂缝，Fe_2O_3 与还原气体充分接触、还原，导致还原度升高，碱度超过一定值后，由于没有更多的 TiO_2 生成钙钛矿，相对还原度降低。

2.4.4 燃料配比与烧结矿性能的关系

2.4.4.1 烧结过程的技术指标

燃料配比与垂直烧结速度、成品率、转鼓指数的关系如图 2-24 ~ 图 2-26 所示。由图 2-24 ~ 图 2-26 可知，随着燃料配比的增加，烧结矿的成品率降低，转鼓指数先升高后下降。虽然燃料配比增加，有利于液相的生成，但同时还原气氛有所增加，钛赤铁矿含量减少，钛磁铁矿增加，而高温更有利于钙钛矿的生成，钙钛矿的脆性会使烧结矿的强度降低，导致其成品率下降。由于

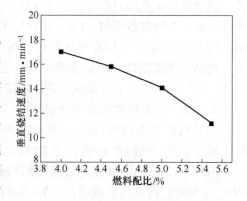

图 2-24 垂直烧结速度与燃料配比的关系

烧结温度提高，烧结过程中生成的液相量增加，导致烧结过程的热态透气性降低，烧结速度有所降低；此外，燃料（焦粉）的混匀成球性能比较差，燃料配比增加不利于混合料制粒，同样会降低烧结过程中的透气性。

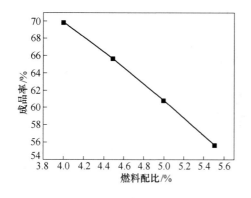 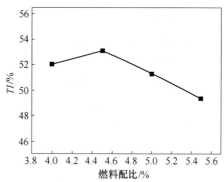

图 2-25　成品率与燃料配比的关系　　　图 2-26　转鼓指数与燃料配比的关系

2.4.4.2　烧结矿的冶金性能

取不同燃料配比的粒度 10.0～12.5mm 之间的成品烧结矿进行冶金性能测定，燃料配比分别与烧结矿 $RDI_{+3.15}$、RI 的关系如图 2-27 和图 2-28 所示。

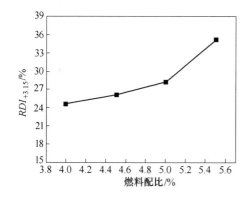 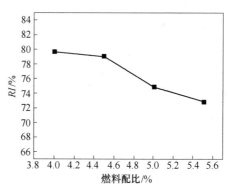

图 2-27　低温还原粉化指数与燃料配比的关系　　图 2-28　中温还原度与燃料配比的关系

由图 2-27 可知，在试验范围内，随燃料配比增加高，赤铁矿含量减少，减少了其还原的体积膨胀，烧结矿的低温还原粉化性能得到一定的改善，$RDI_{+3.15}$ 随燃料配比的增加而升高，最高达到 35.20%，仍远远低于高炉冶炼的要求。

由图 2-28 可知，随着燃料配比增加，烧结矿的还原性降低。这主要是由于燃料配比增加，烧结过程的还原气氛提高，钛赤铁矿含量减少，钛磁铁矿含量增加，FeO 含量升高，导致烧结矿的还原性降低。

2.4.5 MgO 含量（质量分数）与烧结矿性能的关系

2.4.5.1 烧结过程的技术指标

MgO 含量（质量分数）与垂直烧结速度、成品率、转鼓指数的关系如图 2-29 ~ 图 2-31 所示。由图 2-29 可知，垂直烧结速度在 3.55% ~ 3.88% 范围内，随 MgO 含量（质量分数）的增加而增加，超过 3.88% 出现下降。由图 2-29 可知，成品率随 MgO 含量（质量分数）的增加呈下降趋势。由图 2-29 可知，烧结矿转鼓指数受 MgO 含量（质量分数）影响规律不明显，在 MgO 含量（质量分数）为 4.44% 时转鼓出现最大值，3.88% 时出现最

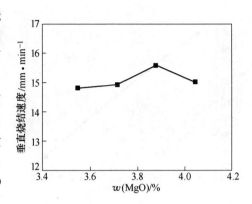

图 2-29　垂直烧结速度与
MgO 含量（质量分数）的关系

小值，其他 MgO 含量（质量分数）的转鼓指数基本属同一水平。因此，MgO 含量（质量分数）对烧结矿转鼓指数影响不明显。

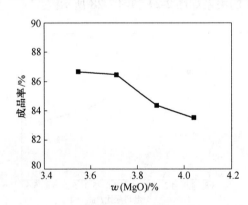

图 2-30　成品率与 MgO 含量
（质量分数）的关系

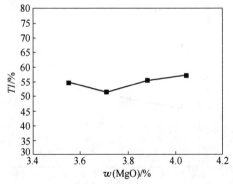

图 2-31　转鼓指数与 MgO 含量
（质量分数）的关系

2.4.5.2 结矿的冶金性能

取不同 MgO 含量（质量分数）的粒度 10.0 ~ 12.5mm 之间的成品烧结矿进行冶金性能测定，MgO 含量（质量分数）与烧结矿 $RDI_{+3.15}$ 的关系如图 2-32 所示。由图 2-32 可知，MgO 含量（质量分数）在 3.55% ~ 3.71% 间 $RDI_{+3.15}$ 随着烧结矿 MgO 含量（质量分数）的提高有下降的趋势，超过 3.71% 后随着烧结矿 MgO 含量（质量分数）的提高而增大，变化较明显。含量（质量分数）为

4.04% 时，$RDI_{+3.15}$ 最高，为 40.55%，但也不能满足入炉要求。

MgO 含量（质量分数）与烧结矿 RI 的关系如图 2-33 所示。由图 2-33 可知，MgO 在 3.55% ~3.88% 范围内，RI 随着 MgO 含量（质量分数）增加而升高，在 3.88% 时最高为 78.83%，MgO 含量（质量分数）再增加，RI 下降。MgO 含量（质量分数）对还原度变化影响较复杂，Mg^{2+} 与 Fe^{2+} 半径接近，等电价且化学键均为离子键，晶格能量系数接近，MgO 可以进入磁铁矿晶格中代替 Fe^{2+}，还原度升高。

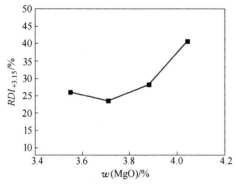

图 2-32　低温还原粉化指数
与 MgO 含量的关系

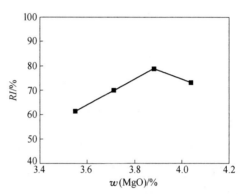

图 2-33　中温还原度与 MgO 含量的关系

2.4.6　TiO_2 含量（质量分数）与烧结矿性能的关系

2.4.6.1　烧结过程的技术指标

TiO_2 含量（质量分数）与烧结矿垂直烧结速度、成品率和转鼓指数的关系如图 2-34 ~图 2-36 所示。

由图 2-34 可知，垂直烧结速度随 TiO_2 含量（质量分数）的增加基本呈上升趋势。由图 2-34 和图 2-35 可知，随着 TiO_2 含量（质量分数）增加，烧结矿的成品率和转鼓指数均下降。这是因为 TiO_2 含量（质量分数）增加，烧结矿中的钙钛矿含量（质量分数）增多，抑制了性能较好的铁酸钙生成，而钙钛矿的强度差，本身没黏结作用，使其成品率下降，转鼓指数下降。

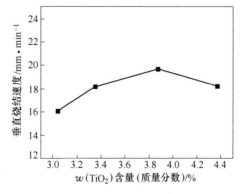

图 2-34　垂直烧结速度与
TiO_2 含量（质量分数）的关系

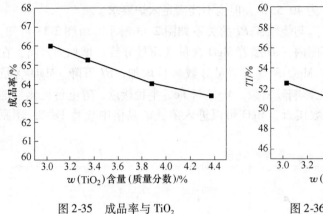

图 2-35　成品率与 TiO$_2$
含量（质量分数）的关系

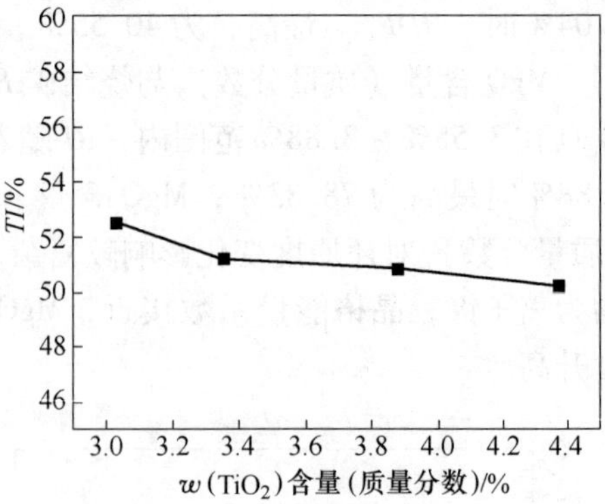

图 2-36　转鼓指数与 TiO$_2$
含量（质量分数）的关系

2.4.6.2　烧结矿的冶金性能

对不同 TiO$_2$ 含量（质量分数）的成品烧结矿进行了冶金性能测试，结果如图 2-37 和图 2-38 所示。由图 2-37 和图 2-38 可知，随着 TiO$_2$ 含量增加，烧结矿的 $RDI_{+3.15}$ 下降，RI 升高。主要原因是 TiO$_2$ 含量（质量分数）增加，CaO 与 TiO$_2$ 优先生成钙钛矿，使烧结料中自由 CaO 含量（质量分数）降低，钙钛矿含量（质量分数）增加，铁酸钙含量（质量分数）减少，同时，钙钛矿促进了还原过程中裂纹的产生，气体更容易进入烧结矿内部，使得还原粉化更严重。

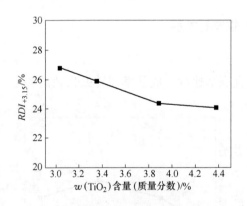
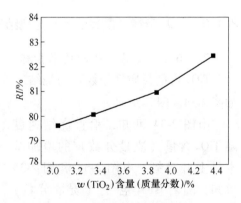

图 2-37　低温还原粉化指数与 TiO$_2$ 含量
（质量分数）的关系

图 2-38　中温还原度与 TiO$_2$ 含量
（质量分数）的关系

2.5　印尼海砂对钒钛磁铁矿烧结杯特性的影响

2.5.1　试验方案

用印尼海砂代替部分普通精粉，利用烧结杯试验研究其配比对烧结矿产、质量的影响规律。该试验在华北理工大学冶金与能源学院多功能烧结试验室进行，每次试验均把含铁原料总和看作100%。试验过程中机烧返矿内加25%，水分控制在8%左右，二元碱度为2.15，配碳量为4.5%，烧结具体试验方案见表2-10。

表 2-10 烧结试验方案

方 案	含铁料配比/%					机烧返矿/%	碱度	焦粉/%
	印尼海砂	含钒精粉	PB 粉	普通精粉	杂料			
P-0	0	13	27.2	51.3	8.5	25	2.15	4.5
P-1	7	13	27.2	44.3	8.5	25	2.15	4.5
P-2	9	13	27.2	42.3	8.5	25	2.15	4.5
P-3	12	13	27.2	39.3	8.5	25	2.15	4.5
P-4	15	13	27.2	36.3	8.5	25	2.15	4.5
P-5	20	13	27.2	31.3	8.5	25	2.15	4.5

2.5.2 混合料粒度组成

混合料的粒度组成是一项影响烧结过程的重要指标，粒度大小主要受二混过程中水分以及碱度的影响。水分小，原料湿润不充分，不利于成球；水分大，混合料粒度不均匀，出现大球，且烧结过程中料层底部过湿，使得透气性恶化，烧结速度减慢，生成液相量不足，直接影响烧结矿的产量及质量。

混合料的水分及粒度组成见表2-11。

表 2-11 混合料的水分及粒度组成 （%）

方 案	混合料水分	>5mm	3~5mm	1~3mm	<1mm	>3mm	平均粒度/mm
P-0	8.00	33.24	20.79	18.87	27.10	54.03	3.28
P-1	7.91	24.35	31.66	25.48	18.51	56.01	3.12
P-2	7.72	28.62	18.49	34.68	18.21	47.11	2.94
P-3	7.55	18.62	27.19	28.45	25.74	45.81	2.55
P-4	7.82	27.45	18.05	33.46	21.04	45.50	2.83
P-5	7.70	16.35	32.45	31.59	19.61	48.80	2.61

由表2-11可知，混合料水分控制在7.55%～8.00%之间，符合试验要求。钒钛磁铁矿成球性能差，造成混合料中>3mm颗粒比例偏低，平均粒度只有

2.55 ~ 3.28mm，混合料的透气性较差，不利于烧结技术指标的提高。

水分含量以及海砂配比对平均粒度的影响如图 2-39、图 2-40 所示。

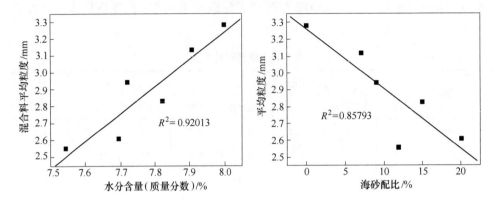

图 2-39　水分含量与混合料平均粒度的关系　　图 2-40　海砂配比与混合料平均粒度的关系

从图 2-39、图 2-40 可以看出，随着水分增加，混合料平均粒度明显增大。另外，海砂配比对混合料粒度的影响也较大，随配比的增加而减小。

2.5.3　烧结过程参数

烧结杯试验各项技术指标见表 2-12。

表 2-12　烧结杯试验技术指标

方　案	烧结时间 /min	垂直烧结速度 /mm·min^{-1}	废气最高温度/℃	烧损率/%	利用系数 /t·m^{-2}·h^{-1}
P-0	34. 50	17. 38	389. 00	15. 06	0. 84
P-1	36. 00	16. 82	453. 50	14. 82	0. 79
P-2	40. 00	15. 00	487. 00	14. 69	0. 73
P-3	41. 00	14. 63	474. 50	13. 98	0. 70
P-4	44. 00	13. 71	548. 50	14. 51	0. 68
P-5	42. 00	14. 29	521. 50	15. 23	0. 68

研究表明，海砂形状规则、颗粒致密、表面光滑、球磨与造球困难。由表 2-12 可知，随着海砂配比增加，垂直烧结速度明显降低，且垂直烧结速度整体较低，只有 13.71 ~ 17.38mm/min，烧结利用系数只有 0.68 ~ 0.84t/(m^2·h)。由于高温持续时间相对延长，废气最高温度反而有所增大。烧损变化不大，在 13.98% ~ 15.23% 之间。

2.5.4 烧结矿机械强度

烧结矿粒度组成、成品率及机械强度见表2-13。

表 2-13 烧结矿的粒度组成、成品率及机械强度 　（％）

方　案	>40mm	25~40mm	16~25mm	10~16mm	5~10mm	<5mm	成品率	T
P-0	7.45	22.23	18.97	15.69	16.80	18.88	81.12	60.73
P-1	6.37	18.32	21.83	16.33	18.60	18.56	82.37	60.65
P-2	9.57	20.85	18.99	14.54	16.84	19.21	80.79	61.49
P-3	10.92	20.27	20.04	12.78	17.38	19.53	80.47	60.66
P-4	11.61	18.52	17.35	13.97	17.36	21.19	78.81	59.79
P-5	12.14	17.89	15.04	14.72	15.49	24.71	76.20	56.67

从表 2-13 可以看出，钒钛烧结矿中 >5mm 成品率较低，在 76.20% ~ 82.37% 之间，小粒级成品烧结矿所占比重高。烧结矿的转鼓强度也很低，平均只有60%，主要是因为钒钛磁铁精矿中 SiO_2 含量低而 TiO_2 含量高，烧结过程中生成的硅酸盐矿物少而钙钛矿多。

海砂配比对钒钛烧结矿成品率及转鼓指数的影响如图 2-41 所示。

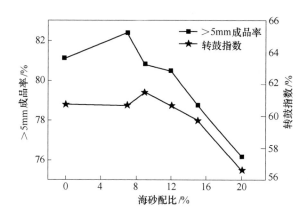

图 2-41 海砂配比与成品率、转鼓指数的关系

由图 2-41 可知，随着海砂配比升高，转鼓指数先升高后降低，当海砂配比为9%时转鼓指数最高，为 61.49%。由于海砂中 SiO_2 的含量较其他矿粉要高，适当增加海砂配比，有利于改善钒钛矿的液相量不足，且随着海砂配比升高，垂直烧结速度降低，高温持续时间延长，烧结矿得到了有效固结，转鼓强度得以提高。但海砂配比继续升高，由于其硬度大、熔点高，不利于液相生成，且自身 TiO_2 含量很高（达到12.50%），生成的钙钛矿质地硬且性脆，直接影响烧结矿

的强度。

成品率与机械强度是关系密切的一对指标，随着海砂配比的增加，成品率同样先升高后降低，当海砂配比为7%时成品率最高，为82.37%。由此可见，少量配加海砂对于钒钛烧结矿质量的提高是有利的。

2.5.5　烧结矿冶金性能

烧结矿的冶金性能试验结果见表2-14。

表2-14　烧结矿的冶金性能

方　案	$RDI_{+6.3}$ /%	$RDI_{+3.15}$ /%	$RDI_{-0.5}$ /%	$w(TFe)$ /%	$w(FeO)$ /%	RI/%	$T_{10\%}$/℃	ΔT/℃
P-0	19.72	48.94	12.77	54.36	8.19	72.72	1255	86
P-1	38.27	65.80	10.61	54.45	9.59	73.82	1259	85
P-2	25.30	54.54	14.80	54.12	11.10	75.49	1258	111
P-3	26.49	55.98	12.54	53.45	9.93	82.17	1260	90
P-4	19.03	44.75	17.84	54.23	9.48	79.81	1257	80
P-5	17.79	38.28	20.97	54.08	8.51	80.26	1265	108

由表2-14可知，钒钛烧结矿的$RDI_{+3.15}$只有38.28% ~65.80%，低于普通烧结矿近30%；烧结矿的含铁品位也较低，平均只有54%；FeO含量较低，RI在72.72% ~82.17%之间，还原性能较好；钒钛烧结矿的软化开始温度$T_{10\%}$较高，在1255 ~1265℃之间，软化区间ΔT较窄，荷重软化性能较一般烧结矿要好。

2.5.6　海砂配比对冶金性能的影响

该试验是在相同烧结参数下进行海砂配比对烧结指标影响的研究，因此海砂配比对烧结矿冶金性能的影响起着决定性的作用，其关系如图2-42所示。

由图2-42可见，海砂配比增加，转鼓强度和$RDI_{+3.15}$均先升高后降低。适当增加海砂配比，垂直烧结速度降低，高温持续时间延长，烧结矿得到有效固结，提高了转鼓强度，降低了粉化率，但由于海砂中含有较高的TiO_2（高达12.50%），配比继续增加，烧结矿中不起黏结作用的钙钛矿数量急剧增多，导致烧结矿强度降低，粉化加剧。

还原度随海砂配比的增加而增大。因为海砂中TiO_2的含量很高，烧结矿中TiO_2的存在使其在900℃时产生许多细小裂纹，改善了反应的动力学条件，还原气体可以充分与铁氧化物接触，导致还原度升高。

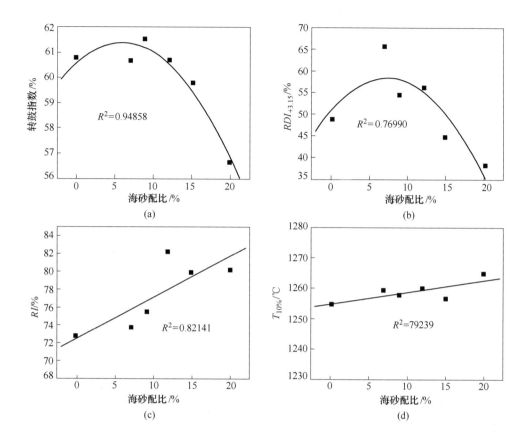

图 2-42 海砂配比对冶金性能的影响

（a）海砂配比对转鼓指数的影响；（b）海砂配比对 $RDI_{+3.15}$ 的影响；

（c）海砂配比对 RI 的影响；（d）海砂配比对 $T_{10\%}$ 的影响

随着海砂配比的增加，初始软化温度略有升高。因为在碱度和 MgO 含量基本相同的前提下，海砂配比的升高会增加烧结矿中高熔点含钛矿物的数量。

2.6 美国精粉对钒钛磁铁矿烧结杯特性的影响

2.6.1 试验方案

美国精粉替代部分含钒精粉，利用烧结杯试验研究其对钒钛磁铁精粉烧结过程及烧结矿产、质量的影响。每次试验均把含铁原料总和看作 100%，试验过程中机烧返矿内加 25%，水分控制在 8% 左右，二元碱度为 2.15，配碳量为 4.5%，具体方案见表 2-15。

表 2-15　美国精粉烧结试验方案

| 方　案 | 含铁料配比/% | | | | | 机烧返矿/% | 碱度 | 焦粉/% |
	美国精粉	含钒精粉	PB 粉	普通精粉	杂料			
M-0	0	51.3	27.2	13.0	8.5	25	2.15	4.5
M-1	5	46.3	27.2	13.0	8.5	25	2.15	4.5
M-2	10	41.3	27.2	13.0	8.5	25	2.15	4.5
M-3	15	36.3	27.2	13.0	8.5	25	2.15	4.5
M-4	20	31.3	27.2	13.0	8.5	25	2.15	4.5

2.6.2　混合料粒度组成

混合料粒度组成及水分见表 2-16。

表 2-16　烧结混合料的粒度组成及水分　　　　　　（%）

方　案	混合料水分	>5mm	3~5mm	1~3mm	<1mm	>3mm	平均粒度/mm
M-0	7.70	26.57	17.87	34.34	21.22	44.44	2.76
M-1	8.12	47.61	32.86	16.29	3.23	80.48	4.76
M-2	8.13	51.75	21.46	15.45	11.33	73.22	4.59
M-3	7.90	20.32	16.86	23.82	38.99	37.19	3.89
M-4	8.09	45.22	25.15	17.78	11.85	70.37	4.29

由表 2-16 可知，混合料水分控制在 7.70%~8.13%，符合试验要求；平均粒度在 2.76~4.76mm 之间，整体成球性较好，有利于烧结。

混合料平均粒度与水分的关系如图 2-43 所示。

从图 2-43 可以看出，混合料平均粒度受水分的影响较大，随水分的增加而增大。除此之外，混合料中起核料作用的矿粉所占比重对粒度也有影响。核料比重过高，混合料平均粒度过大，会有烧不透的现象，影响烧结矿产、质量；核料比重过低，混合料平均粒度较小，料层透气性恶化，垂直烧结速度降低，同样对烧结不利。PB 粉以及机烧返矿由于粒度粗大，在烧结过程充当了核料，有利于钒钛磁铁矿粉的制粒。总之，由于钒钛磁铁矿粉制粒效果差，控制好混合料的水分以及核料比重是关键。

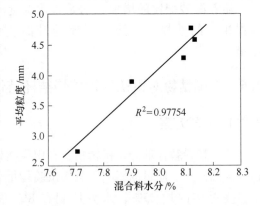

图 2-43　平均粒度与混合料水分的关系

2.6.3 烧结过程参数

烧结杯试验中各项技术指标见表2-17。

表2-17 烧结杯试验技术指标

方 案	烧结时间 /min	垂直烧结速度 /mm·min^{-1}	废气最高温度 /℃	烧损率/%	利用系数 /t·m^{-2}·h^{-1}
M-0	33.00	18.18	577.00	15.06	0.92
M-1	23.50	25.53	598.50	16.00	1.27
M-2	25.00	24.00	548.00	17.39	1.14
M-3	31.50	19.05	464.50	18.70	0.91
M-4	25.50	23.53	378.50	18.69	1.08

由表2-17可知，烧结时间较海砂配矿方案明显缩短，垂直烧结速度升高，在18.18~25.53mm/min之间；烧损在15.06%~18.70%之间；烧结利用系数整体偏低，只有0.91~1.27t/(m^2·h)。

由图2-44、图2-45可知，随着美国精粉配比增加，废气最高温度降低，烧损增大。美国精粉属褐铁矿，因含有结晶水，在分解过程中需要消耗部分热量，固烧结废气温度降低，烧损增大。

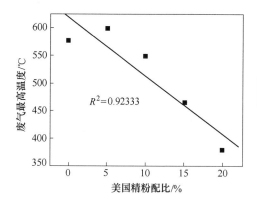

图2-44 废气最高温度与美国精粉配比的关系

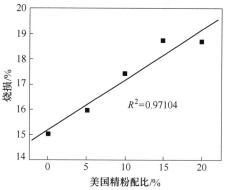

图2-45 烧损与美国精粉配比的关系

2.6.4 烧结矿机械强度

烧结矿粒度组成、成品率及机械强度见表2-18。

表 2-18　烧结矿的粒度组成、成品率及机械强度　　　　（%）

方　案	>40mm	25~40mm	16~25mm	10~16mm	5~10mm	<5mm	成品率	T
M-1	8.85	21.52	17.97	14.05	16.71	20.90	79.11	59.17
M-2	8.35	17.19	20.33	16.26	20.20	17.67	81.70	60.93
M-3	9.51	18.07	20.36	16.30	18.75	17.01	82.99	62.98
M-4	8.62	12.24	22.90	18.44	20.21	17.59	82.41	62.60
M-5	8.62	12.96	21.36	18.53	20.17	18.36	81.64	61.58

由表 2-18 可知，小粒级的烧结矿所占比重仍旧较高，尤其是小于 10mm 粒级的，导致成品率较低，大于 5mm 成品率在 79.11% ~ 82.99% 之间。烧结矿的转鼓强度也很低，在 59.17% ~ 62.98% 之间。

如图 2-46 所示，随着美国精粉配比增加，成品率及转鼓指数一致性的先升高后降低，当美国精粉配比为 10% 时，成品率及转鼓指数均最高，分别为 82.99% 和 62.98%。美国精粉配比增加的同时，含钒精粉在减少，烧结矿中 TiO_2 含量相对降低，烧结矿的成品率及转鼓指数得到了提高。由于美国精粉自身黏结相强度较差，配比继续增加，会使烧结矿的固结强度降低，反而不利于烧结指标的提高。

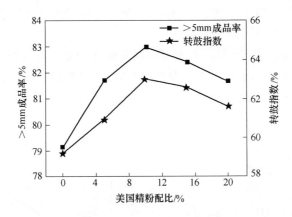

图 2-46　美国精粉配比与成品率、转鼓指数的关系

2.6.5 烧结矿冶金性能

烧结矿的冶金性能试验结果见表 2-19。

表 2-19　烧结矿冶金性能

方　案	$RDI_{+6.3}$/%	$RDI_{+3.15}$/%	$RDI_{-0.5}$/%	$w(TFe)$/%	$w(FeO)$/%	RI/%	$T_{10\%}$/℃	ΔT/℃
M-1	26.50	54.69	12.77	52.11	8.51	83.15	1260	74
M-2	26.60	55.08	15.56	53.86	10.02	84.25	1250	73
M-3	30.34	57.87	15.50	54.56	10.24	78.68	1244	68
M-4	20.22	43.32	17.69	54.45	8.62	73.65	1254	69
M-5	17.73	40.35	19.34	53.95	9.23	75.49	1240	81

由表2-19可知，$RDI_{+3.15}$在40.35% ~57.87%之间，远低于一般烧结矿。烧结矿中FeO含量低，还原性能好，RI在73.65% ~84.25%之间。软化开始温度$T_{10\%}$在1240~1260℃之间，软熔区间ΔT较窄，只有68~81℃，荷重软化性能较好。

2.6.6 美国精粉配比对冶金性能的影响

美国精粉配比对烧结矿冶金性能的影响如图2-47所示。

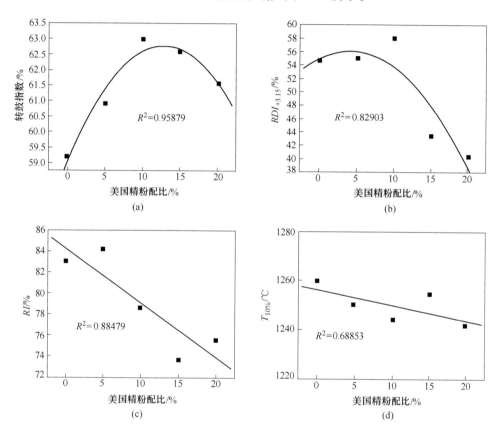

图2-47 美国精粉配比对冶金性能的影响

（a）美国精粉配比对转鼓指数的影响；（b）美国精粉配比对$RDI_{+3.15}$的影响；

（c）美国精粉配比对RI的影响；（d）美国精粉配比对$T_{10\%}$的影响

由图2-47可知：转鼓指数及$RDI_{+3.15}$随着美国精粉配比的增加均先升高后降低。美国精粉配比增加，含钒精粉用量减少，烧结矿中TiO_2含量相对降低，转鼓强度提高，粉化率降低。美国精粉属褐铁矿，结晶水受热分解后形成的空隙体积较大，与铁酸钙熔体间产生同化的程度高，又会导致烧结料层熔融带透气性恶化，局部热量供给不足，烧结矿强度降低，粉化加剧。

随着美国精粉配比增加，含钒精粉减少，烧结矿中 TiO_2 含量降低，由此引起的细小裂纹减少，还原气体进入烧结矿的阻力增大，还原度降低。TiO_2 含量降低的同时，烧结矿中高熔点的含钛矿物减少，软化初始温度降低。

2.7　澳矿配比对钒钛烧结矿质量的影响

2.7.1　试验方案

以澳矿替代部分小营精粉，利用烧结杯试验研究其对钒钛磁铁矿烧结过程和烧结矿质量的影响，澳矿粉配比烧结具体的试验方案见表 2-20。

表 2-20　澳矿粉配比烧结试验方案

序号	高炉返矿/%	球团返矿/%	小营精粉/%	普通精粉/%	澳矿粉/%	CaO/SiO₂	MgO/%
B1	24.4	13.1	13.7	6.1	42.7	1.9	2.0
B2	24.4	13.1	18.7	6.1	37.7	1.9	2.0
B3	24.4	13.1	23.7	6.1	32.7	1.9	2.0
B4	24.4	13.1	28.7	6.1	27.7	1.9	2.0
B5	24.4	13.1	33.7	6.1	22.7	1.9	2.0
B6	24.4	13.1	38.7	6.1	17.7	1.9	2.0
B7	24.4	13.1	43.7	6.1	12.7	1.9	2.0

2.7.2　烧结过程的技术指标

澳矿粉配比对钒钛烧结矿的成品率和垂直烧结速度的影响如图 2-48 和图 2-49 所示。由图 2-48 可知，当澳矿粉配比在 33% 时，钒钛烧结矿的成品率达到最大值。澳矿粉是一种 SiO_2 含量较高、TiO_2 含量较低的铁矿石，适当提高配比

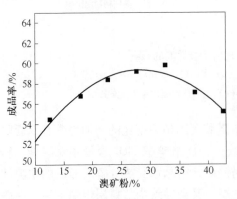

图 2-48　澳矿粉配比对烧结成品率的影响　　图 2-49　澳矿粉配比对垂直烧结速度的影响

有利于增加钒钛烧结矿中的硅酸盐黏结相，降低烧结矿中的钙钛矿，从而提高钒钛烧结矿成品率。另一方面，澳矿粉中铁矿物颗粒结晶比较完善、结构比较致密，熔点也比较高，当配比超过一定范围后，钒钛烧结矿过程中成矿速度降低，成矿过程难以在烧结高温停留时间内（1min 左右）完成，玻璃质含量增加，从而导致烧结成品率降低。

由图 2-49 可知，垂直烧结速度随澳矿粉配比的增加而提高。澳矿粉是一种富矿粉，粒度较粗，其配比提高本身可以改善烧结混合料的粒度组成，此外澳矿粉的亲水性较好，成球性能较好，为钒钛烧结矿料层的透气性改善和垂直烧结速度的提高创造了十分有利的条件。

澳矿粉配比对烧结利用系数和成品烧结矿 FeO 含量的影响如图 2-50 和图 2-51所示。由图 2-50 可知，当澳矿粉配比为 33% 时，钒钛烧结矿利用系数达到最大值。影响利用系数的因素主要是成品率和垂直烧结速度。当澳矿配比较低时，垂直烧结速度提高的效果要高于成品率降低的效果；当其配比较高时，垂直烧结速度提高的效果要低于成品率降低的效果。

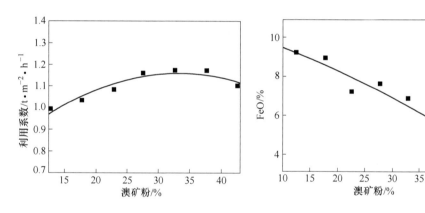

图 2-50 澳矿粉配比对烧结利用系数的影响　　　图 2-51 澳矿粉配比对烧结矿
　　　　　　　　　　　　　　　　　　　　　　　　　　FeO 含量的影响

由图 2-51 可知，钒钛烧结矿的 FeO 含量随澳矿粉配比的增加显著降低。增加澳矿粉的配比，小营精粉的配比降低，这有利于改善钒钛烧结矿料层透气性，增强了钒钛烧结矿过程中的氧化气氛，从而降低了钒钛烧结矿中的 FeO 含量；另一方面，澳矿粉是一种以赤铁矿为主，含有部分针铁矿的富矿粉，再加上粒度比较粗和烧结高温时间比较短，颗粒中心有相当一部分赤铁矿来不及反应而残留在烧结矿中，同样有利于降低钒钛烧结矿中的 FeO 含量。

2.7.3 烧结矿的冶金性能

澳矿粉配比对钒钛烧结矿机械强度的影响如图 2-52 和图 2-53 所示。

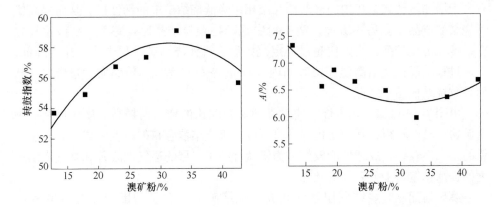

图 2-52　澳矿配比对烧结矿转鼓指数的影响　　图 2-53　澳矿配比对烧结矿抗磨指数的影响

　　由图 2-52 和图 2-53 可知，当澳矿粉配比在 33% 时，钒钛烧结矿的转鼓指数最高，抗磨指数最低，其冷态机械强度最好。澳矿粉是一种 SiO_2 和 Al_2O_3 含量都比较高的铁矿石，适当提高烧结矿的 SiO_2 含量有助于硅酸盐黏结相数量的增加，降低钙钛矿的数量；适当提高烧结矿中的 Al_2O_3 含量也有助于针状铁酸钙的形成，从而提高烧结矿的强度。但当澳矿配比超过适宜范围后，烧结矿的成矿过程比较困难，Al_2O_3 含量超过适宜的范围，促进玻璃质含量的增加，给机械强度的改善带来不利的影响。

　　澳矿粉配比对钒钛烧结矿低温还原粉化性能的影响如图 2-54 所示。由图 2-54 可知，当澳矿粉配比处在低于 33% 的范围内增加时，钒钛烧结矿的低温还原粉化性能略有改善，$RDI_{+6.3}$ 指标升高，而 $RDI_{-3.15}$ 指标和 $RDI_{-0.5}$ 指标则有所降低。但当澳矿粉配比大于 33% 后继续增加时，其低温还原粉化性能明显恶化，$RDI_{+6.3}$ 指标明显降低，而 $RDI_{-3.15}$ 指标和 $RDI_{-0.5}$ 指标则明显升高。澳矿粉

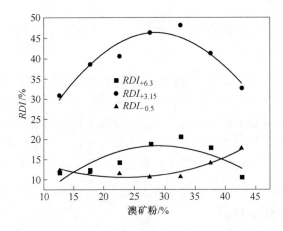

图 2-54　澳矿粉配比对烧结矿低温还原粉化率的影响

配比提高而小营精粉配比降低后，一方面烧结矿中的硅酸盐黏结相数量的增加，钙钛矿的数量降低，有利于钒钛烧结矿低温还原粉化性能的改善；另一方面烧结矿中赤铁矿和玻璃质含量增加，还原过程中的热应力增加，不利于钒钛烧结矿低温还原粉化性能的改善。此外，钒钛烧结矿的 FeO 含量降低和 Al_2O_3 含量升高也将促进烧结矿 $RDI_{+6.3}$ 指标降低，而 $RDI_{-3.15}$ 指标和 $RDI_{-0.5}$ 指标升高。

2.7.4　烧结矿的矿物组成

澳矿粉配比对钒钛烧结矿矿物组成的影响见表 2-21。由表 2-21 中可知，提高澳矿粉配比，原料中小营精粉的配比相应降低，钒钛烧结矿中的铁矿物含量基本保持不变，但磁铁矿含量（Fe_3O_4）略有降低，赤铁矿（Fe_2O_3）含量略有增加，铁酸钙（$CaO \cdot Fe_2O_3$）含量变化不明显，硅酸盐含量有所降低，但玻璃质含量却有所升高。

表 2-21　澳矿粉配比对钒钛烧结矿矿物组成的影响　　　　　（%）

序　号	澳矿配比	磁铁矿	赤铁矿	铁酸钙	硅酸盐	玻璃质
B1	42.7	40 ~ 43	25 ~ 28	23 ~ 25	2 ~ 3	7 ~ 9
B3	32.7	43 ~ 45	20 ~ 25	23 ~ 25	4 ~ 5	5 ~ 6
B7	12.7	48 ~ 50	15 ~ 20	23 ~ 25	5 ~ 6	5 ~ 7

2.8　印尼海砂配比对钒钛磁铁矿烧结过程的影响

印尼海砂是由冲刷作用形成的天然含铁矿物，其储量非常丰富，价格比较低廉，来源也非常稳定，许多钢铁厂都将海砂作为烧结的一种含铁原料。海砂的含铁品位低，只有 60% 左右，Al_2O_3、TiO_2、V_2O_5、K_2O 和 Na_2O 含量都比较高。海砂的粒度比较粗，+100 目的比例高达 46% 左右，其颗粒形状比较规则、结构致密、表面光滑、硬度和熔点都比较高，球磨和造球比较困难。海砂经过球磨后 -200 目的比例只有 30.9%。

以印尼海砂钒钛磁铁精粉，利用烧结杯试验研究其对钒钛磁铁矿烧结过程和烧结矿质量的影响，试验方案见表 2-22。

表 2-22　不同印尼海砂配比烧结矿试验方案（湿基配比）

配比/%	X-1	X-2	X-3	X-4
钒精粉	38	39.3	41	33
普通粉	5	5	5	15
球团返矿	7.5	7.5	6	0

续表 2-22

配比/%	X-1	X-2	X-3	X-4
机烧返矿	23	16	10	8
印尼海砂	5	10	15	20
钢　渣	4	4	4	4
黑山精粉	10	10	10	10
生石灰	4.4	4.8	5.2	5.8
镁　灰	3.1	3.4	3.8	4.2
煤加焦	5	5	5	5
累　　计	105	105	105	105

2.8.1　混合料的粒度组成和堆比重

混合料的粒度组成：经配料、闷料、混料机混料后，取混合料 2kg，在 −10℃下冷冻 1h 后，检测混合料粒度组成。混合料的粒度组成如图 2-55 所示。

（1）随着印尼海砂配比、混合石灰粉配量的升高和返矿大幅下降，混合料成球性能变差，合料中 >3mm 的粒度减小，<3mm 的粒度增加。海砂配比为 10% 时的混合料粒度组成最好。

（2）混合料中 5~3mm 粒级基本随印尼海砂配比的升高而先升高后降低；海砂配比为 10% 时最高。3~1mm 基本随印尼海砂配比的升高而升高。

（3）印尼海砂配比增加混合料成球性能变差，印尼海砂配比大于 10% 的混合料透气性较差。

（4）扣除水分的影响随着印尼海砂配比的升高混合料堆比重下降。

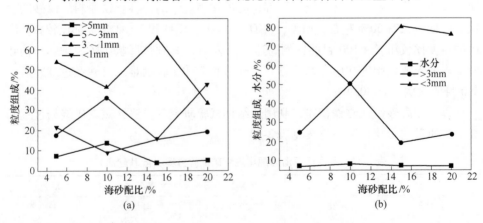

图 2-55　不同海砂配比的混合料粒度组成

（a）海砂配比对粒度组成的影响；（b）海砂配比对粒度组成和水分的影响

综合考虑印尼海砂配比为10%的混合料堆比重比较合理。

2.8.2 混合料的透气性

根据混合料透气性的定义，混合料装入烧结杯点火后，控制此时的风量，得到的负压即可表示混合料的透气性。烧结2min后，其负压值与混合料碱度的关系如图2-56所示，烧结混合料的透气性基本随印尼海砂配比的升高而降低。

透气性指数与海砂配比间的关系如图2-57所示。由图可知，海砂配比为5%的烧结混合料为最高达到14.84，其次为海砂配比为15%的混合料。透气性指数更加客观地表示了烧结混合料的透气性质，透气性指数越高混合料透气性质越好。因此，保持混合料具有良好透气性应选择海砂配比为5%。

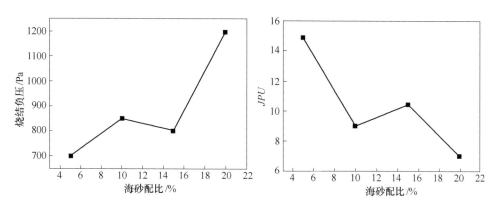

图 2-56　烧结负压与海砂配比的关系　　　　图 2-57　透气性指数与海砂配比的关系

2.8.3 烧结矿的成分

不同海砂配比烧结矿的成分化验结果见表2-23，由表可知：

（1）烧结矿碱度与混合料碱度误差较小，说明原料化学成分和配矿比较准确。

（2）烧结矿中全铁含量随海砂的升高而降低，但降低幅度较小。

（3）海砂配比与烧结矿中亚铁含量无明显规律，但有随海砂配比增加而降低的趋势。

表 2-23　烧结矿成分　（%）

送样号	SiO_2	CaO	MgO	Al_2O_3	TiO_2	V_2O_5	TFe	FeO	CaO/SiO_2
X-1	8.86	4.62	3.63	1.91	3.46	0.59	55.72	12.26	1.92
X-2	8.53	4.44	3.88	1.25	3.58	0.44	55.68	13.14	1.92
X-3	9.09	4.88	3.84	1.90	3.64	0.40	55.24	12.16	1.86
X-4	9.43	4.78	4.04	1.85	3.65	0.39	54.24	10.02	1.97

2.8.4　烧结矿烧损率、垂直烧结速度

2.8.4.1　烧结矿烧损率

烧结矿烧损率如图 2-58 所示。由图可知：随着海砂配比的提高烧结矿烧损率提高，二者近似呈直线关系。

2.8.4.2　垂直烧结速度

垂直烧结速度与海砂配比的关系如图 2-59 所示。由图可知，随着海砂配比的提高，烧结矿垂直烧结速度随海砂配比的升高而先增大后降低，海砂配比为 10% 时最高。

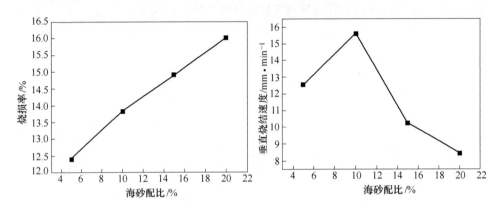

图 2-58　烧损率与海砂配比的关系　　　图 2-59　垂直烧结速度与海砂配比的关系

2.8.5　烧结矿粒度组成、成品率和烧结利用系数

烧结矿成品率与海砂配比的关系如图 2-60 所示，由图可知，烧结矿的海砂配比提高后，烧结成品率先升高后降低。当海砂配比为 15% 时烧结矿成品率最高为 89.22% 左右，海砂配比为 20% 时烧结矿成品率最低为 81.07%，两者相差 8% 左右。

因此从烧结矿粒度组成和成品率角度考虑，海砂配比应为 15% 为宜。

烧结利用系数与海砂配比的关系如图 2-61 所示。由图可知：海砂配比提高后，烧结利用系数先升高后降低，在海砂配比为 10% 时烧结利用系数出现最大值为 1.55t/(m² · h)，海砂配比为 5% 时的 1.30t/m² 高

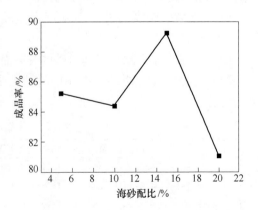

图 2-60　烧结矿成品率与海砂配比的关系

$0.25t/m^2$；比海砂配比为15%时的$1.01t/m^2$高$0.54t/m^2$，在海砂配比为20%时烧结成品率最低。因此，综合考虑烧结成品率和利用系数海砂配比在10%为宜。

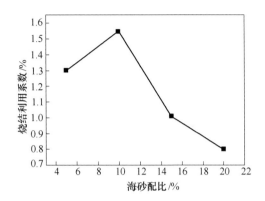

图 2-61　烧结利用系数与海砂配比的关系

2.8.6　烧结矿的机械强度

海砂配比与转鼓指数间的关系如图 2-62 所示。

由图 2-62 可知，烧结矿转鼓指数受海砂配比影响规律不明显。在试验范围内海砂配比为 5% 时 $TI_{+6.3}$ 出现最大值，10% 时出现最小值，其他海砂配比的 $TI_{+6.3}$ 基本属同一水平，因此，海砂配比对 $TI_{+6.3}$ 值影响不明显。对于 $TI_{-0.5}$ 值，海砂配比为 15% 时出现最大值，海砂配比为 20% 时出现最小值，其他碱度范围 $TI_{-0.5}$ 属同一水平。

2.8.7　烧结矿的还原性和低温还原粉化性能

海砂配比对烧结矿低温还原粉化的影响如图 2-63 所示。由图可见，随着海

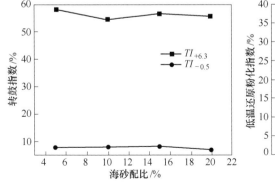

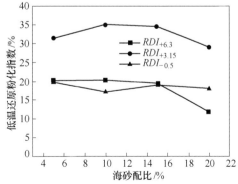

图 2-62　海砂配比与转鼓指数间的关系　　图 2-63　海砂配比与烧结矿 $RDI_{+6.3}$、

$RDI_{+3.15}$ 和 $RDI_{-0.5}$ 的关系

砂配比，烧结矿的 $RDI_{+3.15}$ 先升高后降低。但从试验结果看 $RDI_{+3.15}$ 最大为 35.2%，如果此种性能的烧结矿加入高炉，将给高炉顺行生产带来灾难性的后果。因此，低温还原粉化试验结果指出烧结原料中不能配加海砂。

2.8.8　烧结矿荷重软化性能

烧结矿荷重软化性能与海砂配比的关系如图 2-64 所示。

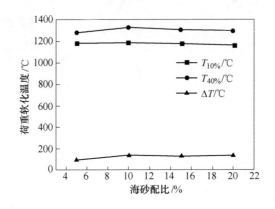

图 2-64　海砂配比与荷重软化性能的关系

由图 2-64 可知，在试验范围内试样的软熔区间均较窄，除海砂配比为 10% 的烧结矿软熔区间为 142.3℃ 外，其余试样软熔区间都小于 140℃。比较试验结果可以得到：本次海砂配比试验烧结矿均能得到较好的软化性能，但综合考虑海砂配比为 5% 的烧结矿具有较好的软化性能。

2.8.9　烧结矿的矿物组成及体积分数

烧结矿矿物组成及体积分数见表 2-24。

表 2-24　烧结矿矿物组成及体积分数　　　　　　　　（%）

样　号	金属相					黏结相		
	磁铁矿	赤铁矿	钙钛矿	富氏体	硫化物	铁酸钙	硅酸二钙	玻璃质
X-1	55~60	8~10	25~30	微量	少量	4~5	少量	少量
X-2	35~40	30~35	8~10	1~2	少量	10~12	少量	8~10
X-3	30~35	40~45	5~8	少量	—	15~20	少量	1~2
X-4	35~40	20~25	15~20	—	—	10~15	2~3	1~2

2.9　结论

铁矿粉的烧结基础特性包括同化性、液相流动性、黏结相强度、连晶强度和铁酸钙生产能力等。不同钒钛磁铁精粉的烧结基础特性差异较大，其烧结杯特性差异也很大，通过几种精粉混合配矿可以得到性能良好的烧结混合原料。配加海砂后，混合料的同化温度升高，液相流动性指数降低，黏结相强度先升高后降低；配加美国精粉后，混合料的同化温度降低，液相流动性指数升高，黏结相强度同样先升高后降低。适量的增加二者配比均会改善混合料的基础性能，但不宜过高。

碱度、燃料配比、MgO 含量、TiO_2 含量是影响钒钛磁铁矿烧结性能的主要因素。碱度为 2.0 ~ 2.3 时，烧结矿的 $RDI_{+3.15}$ 出现低洼区。燃料配比对 $T_{10\%}$ 影响最大。MgO 量对烧结矿的 RI 和 $RDI_{+3.15}$ 的影响最大。碱度为 2.0 ~ 2.3 时，$RDI_{+3.15}$ 出现低洼区。

参 考 文 献

[1] 吴胜利, 刘芳, 刘宇, 等. 铁矿粉的铁矿物连晶特性的试验研究[C]. 第八届全国炼铁原料学术会议论文集 (2003.9), 中国金属学会: 84 ~ 87.

[2] 吴胜利, 刘宇, 杜建新, 等. 铁矿石的烧结基础特性之新概念[J]. 北京科技大学学报, 2002, 24(3):254 ~ 257.

[3] Wu Sheng Li, Dauter Oliveira, Dai Yu Ming. Ore-blending optimization model for sintering process based on characteristics of iron ores[J]. International Journal of Minerals, Metallurgy and Materials, 2012, 19(3):217-244.

[4] 罗果萍, 孙国龙, 赵艳霞, 等. 包钢常用铁矿粉烧结基础性能[J]. 过程工程学报, 2008, 8(1):199 ~ 204.

[5] 翟立委, 周明顺, 李艳茹. 几种典型铁矿石烧结基础性能的实验与评价[J]. 鞍钢技术, 2007, (3):12 ~ 14.

[6] 阎丽娟, 吴胜利, 尤艺, 等. 各种铁矿粉的同化性及其互补配矿方法[J]. 北京科技大学学报, 2010, 32(3):299 ~ 303.

[7] L X Yang, L. Davis. Assimilation and mineral formation during sintering for blends containing magnetite concentrate and hematite/pisolite sintering fines [J]. ISIJ Int., 1999, 39 (3): 239-242.

[8] S L Wu, E. Kasai, Y. Omori. Effect of the constitution of granules on coalescing phenomenon and strength after sintering[C]. Proceedings of the 6th International Iron and Steel Congress. Nagoya: ISIJ, 1990: 15-22.

[9] 吴胜利, 刘宇, 杜建新, 等. 铁矿粉与 CaO 同化能力的试验研究[J]. 北京科技大学学报, 2002, 24(3):258 ~ 261.

[10] J M F Clout, J R Manuel. Fundamental investigations of differences in bonding mechanisms in iron ore sinter formed from magnetite concentrates and hematite ores[J]. Powder Technology, 2003, 130(1):393-399.

[11] Cao Yong Guo, Wu Sheng Li, Han Hong Liang, et al. Mixed state and high effective utilization of Pilbara blending iron ore powder[J]. Journal of Iron and Steel Research, International. 2011,

18(9):01-05.

[12] 吴胜利，杜建新，马洪斌，等. 铁矿粉烧结液相流动特性[J]. 北京科技大学学报，2005，27(3):291~293.

[13] Li Hong Ge, Zhang Jian Liang. Melting Characteristics of Iron Ore Fine during Sintering Process [J]. Journal of Iron and Steel Research, International. 2011, 5(18):11-15.

[14] 赵志星，裴元东，潘文，等. 首钢铁矿粉的高温特性影响因素分析[J]. 钢铁，2010，45(12):12~16.

[15] 宋延琦，李京社，唐海燕. 新兴铸管公司高铁低硅烧结试验[J]. 烧结球团，2010，35(1):48~51.

[16] 王沧，胡宾生，李朝旺. 唐钢烧结原料冶金性能的研究[J]. 南方冶金，2009，170:26~28.

[17] 吴胜利，杜建新，马洪斌，等. 铁矿粉烧结黏结相自身强度特征[J]. 北京科技大学学报，2005，27(2):169~172.

[18] 吴浩方，贾彦忠，梁德兰. 几种常见进口铁矿石的烧结基础性能[J]. 钢铁，2011，46(7):10~13.

[19] Otomo T, Taguchi N, Kasai E. Suppression of the formation of large pores in the assimilated parts of sinter produced using pisolitic ores[J]. ISIJ Int, 1996, 36(11):1338.

[20] 赵艳霞. 包钢常用铁矿粉烧结基础特性的实验研究[D]. 包头：内蒙古科技大学，2007.

[21] 吴胜利，戴宇明，Dauter Oliveira，等. 基于铁矿粉高温特性互补的烧结优化配矿[J]. 北京科技大学学报，2010，32(6):719~724.

[22] Chin Eng Loo. Some Progress in Understanding the Science of Iron Ore Sintering[D]. ISS Technical Paper.

[23] 吴胜利，边妙莲，王清峰，等. 铁矿粉的烧结熔融特性及其评价方法[J]. 北京科技大学学报，32(12):1526~1531.

[24] 曹立刚. 包钢用铁矿粉的烧结基础性能研究[J]. 烧结球团，2005，30(12):5~7.

[25] 裴元东. 铁矿粉的烧结配合性及其应用技术研究[D]. 北京：北京科技大学，2008:50.

[26] 边妙莲，吴胜利，张丽华，等. 低 FeO 烧结条件下的适宜配碳量和碱度[J]. 钢铁，2012，47(3):6~10.

3 钒钛磁铁烧结矿 低温还原粉化机理

烧结矿低温还原粉化的根本原因是三方晶系六方晶格的赤铁矿在低温（400～600℃）还原成等轴晶系立方晶格的磁铁矿时，由于晶格的扭曲，产生体积膨胀并伴随极大的内应力，从而导致烧结矿在机械力作用下碎裂粉化[1~4]。

还原过程中产生的内应力主要是由于烧结矿中的赤铁矿逐级还原时体积膨胀引起的[5]。赤铁矿逐级还原时的体积变化如下：

$$Fe_2O_3 \longrightarrow Fe_3O_4 \longrightarrow FeO \longrightarrow Fe$$

体积　　　　　100　　　　　125　　　　　132　　　　　127

烧结矿中的赤铁矿有两种，一种是原生赤铁矿，即原料中含有的、并在烧结过程中保留下来的赤铁矿。这种赤铁矿以颗粒状态存在，还原时对烧结矿的破坏较小。另一种是次生赤铁矿，尤其是熔体铁酸钙中在高温下分解出的磁铁矿再氧化生成的赤铁矿，它主要分布在气孔、裂纹和粒状残存原矿的周围，呈平行连晶状，称之为骸晶状菱形赤铁矿，其中夹杂着玻璃质、铁酸钙和磁铁矿等矿物。还原时，骸晶状菱形赤铁矿的还原速度较快，而其中夹杂的矿物还原速度较慢，由于膨胀程度的差异，使骸晶状菱形赤铁矿的还原产物与其中夹杂的矿物之间产生裂纹。

另外，由于骸晶状菱形赤铁矿处于烧结矿中原有裂纹的周围，还原膨胀使原有的裂纹迅速扩展。还原期间新裂纹的产生和原有裂纹的扩展，使烧结矿的强度大幅度降低，以致粉碎。研究表明[6~8]：赤铁矿周围和玻璃相及赤铁矿内部如果含有较多气孔，能够缓和赤铁矿向磁铁矿转变时低温还原相变力，从而阻止裂纹扩展。

与普通烧结矿相比，钒钛磁铁精粉除含 TiO_2 和 V_2O_5 外，还具有"二低三高"的特点，即铁品位、SiO_2 含量低，TiO_2、MgO、Al_2O_3 含量高[9]。钒钛烧结矿中正硅酸钙含量较少，冷却过程中相变和体积变化很小[10,11]，钒钛烧结矿粉化主要是发生在低温还原阶段。钒钛烧结矿低温还原粉化的原因除赤铁矿还原成磁铁矿体积膨胀外，还与矿中钛化合物组成和性质有关。

$CaO-TiO_2$ 状态图如图 3-1 所示[12]，由图可知，随着温度和 TiO_2 含量的不同，CaO 与 TiO_2 形成 $3CaO \cdot 2TiO_2$、$CaO \cdot TiO_2$ 和 $CaO \cdot 3TiO_2$ 三种化合物。CaO 与 TiO_2 比例为 1∶1 时，随着温度降低，在 1915℃时首先析出 $CaO \cdot TiO_2$，温度继续降低，分别共晶析出 $3CaO \cdot 2TiO_2$ 和 $CaO \cdot 3TiO_2$。故低温烧结可以控制钙钛矿的形成。

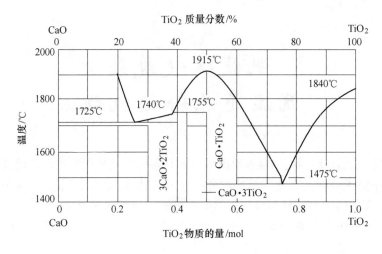

图 3-1   CaO-TiO$_2$ 状态图

含钛铁精粉钛主要赋存于钛磁铁矿中，其固溶量占含钛铁精粉 TiO$_2$ 的 92.42%[13]。随着烧结过程一系列物理化学变化，钛的赋存状态也发生变化。钛磁铁矿中的钛一部分转到钛赤铁矿中，一部分直接进入熔体，钛赤铁矿中的钛部分转入铁酸钙，部分进入熔体，脉石中的钛随着与铁酸钙、氧化钙、铁相的反应进入硅酸盐熔体中。钛铁矿和镁铝尖晶石中的钛通过固相反应转移到铁相中。当形成的熔体冷却结晶时，钛又赋存于烧结矿中的各矿物中，但主要存在于钙钛矿中，其次是钛磁铁矿和钛赤铁矿中，通过计算矿物的相对含量，钙钛矿中的 TiO$_2$ 的量占烧结矿含 TiO$_2$ 量的 38.93%。

TiO$_2$ 与 CaO 的亲和力大于 Fe$_2$O$_3$ 与 CaO 的亲和力。它们的生成自由能为[14]：

$$CaO + TiO_2 \Longrightarrow CaO \cdot TiO_2 \qquad \Delta G^{\ominus} = -19100 - 0.8T$$

$$CaO + Fe_2O_3 \Longrightarrow CaO \cdot Fe_2O_3 \qquad \Delta G^{\ominus} = -1700 - 1.15T$$

由以上反应可知，随着温度升高，均有利于两个反应向右进行，但更有利于钙钛矿的生成。在烧结温度条件下，比较容易生成钙钛矿。如果烧结矿中 TiO$_2$ 含量增加，即增加生成钙钛矿的反应物浓度，根据化学平衡原理，增大反应向右进行的趋势，则有利于钙钛矿的生成。同时参与反应的 CaO 浓度降低，不利于铁酸钙的生成。所以在烧结工艺条件相同时随着烧结矿中 TiO$_2$ 含量增加，钙钛矿增加，则铁酸钙减少，二者互为消长关系。

钒钛磁铁精粉粒度粗，呈比较规则的圆球状，颗粒之间的黏附力很弱，混匀制粒后小球热稳定性比较差，抗冲击能力比较弱。这种精粉制粒性能差，直接用于烧结工艺太细，用于球团工艺又太粗，属难烧矿粉。生产出的烧结矿 SiO$_2$ 含量低，硅酸盐黏结相少，存在大量不起黏结作用的钙钛矿，且妨碍钛赤铁矿和钛磁铁矿间的连晶作用[15]；同时钒钛磁铁烧结矿中矿物的多样性和不同的热膨胀性引起的内应力比普通矿大，在低温还原阶段（≤500℃）会导致大量微裂纹的形成，为更高温度范围内形成粗大裂纹和碎化程度的加剧提供了有利条件[16]。普通矿的 $RDI_{+3.15}$ 一般大于70%，而钒钛磁铁烧结矿的 $RDI_{+3.15}$ 一般只有20% ~ 40%。上述原因导致钒钛磁铁烧结矿粒度偏小、粉化率高、冷强度差。因此，钒钛磁铁烧结矿的质量远远不能满足大高炉生产的需要，严重制约了高炉的顺行和炼铁系统成本的降低。

本章针对钒钛磁铁烧结矿低温还原粉化严重这一影响高炉冶炼的关键问题，开展了钒钛磁铁精粉烧结特点[17]、钒钛磁铁烧结矿低温还原粉化机理、氯化钙抑制机理的研究。为高炉高效、低成本冶炼钒钛磁铁矿提供了理论依据和生产参数。

3.1　烧结矿低温还原粉化性能研究

普通烧结矿与钒钛烧结矿在相同的烧结工艺条件下，通过烧结杯试验，比较其在相同碱度和配碳量情况下，普通烧结矿与钒钛烧结矿质量及其冶金性能差异。

3.1.1　试验原料

普通烧结原料的化学成分见表3-1。

表3-1　普通烧结试验原料化学成分　　　　　（质量分数/%）

样号	名　称	$w(TFe)$	$w(FeO)$	$w(SiO_2)$	$w(CaO)$	$w(MgO)$	$w(Al_2O_3)$	$w(TiO_2)$	$w(烧损)$
1	本地精粉	59.79	22.20	8.49	2.10	1.40	1.94	1.16	-1.12
2	司家营粉	64.02	25.74	7.34	0.54	0.88	1.95	0.32	-1.96
3	PB 粉	61.43	0.48	3.77	0.27	0.10	1.86	0.21	5.74
4	纽曼粉	63.22	0.56	4.66	0.27	0.10	2.35	0.20	4.06
5	返矿	56.43	8.64	5.64	8.89	2.62	2.12	0.31	-0.66
6	扬迪矿	58.38	0.79	5.16	0.41	0.10	1.46	0.22	9.60
7	混灰	—	—	4.62	61.90	10.25	2.08	—	—
8	焦粉	—	—	38.75	5.15	0.20	30.98	—	—

钒钛烧结原料的化学成分见表3-2。

表3-2　钒钛烧结试验原料化学成分　　　　　（质量分数/%）

样号	名　称	$w(TFe)$	$w(FeO)$	$w(SiO_2)$	$w(CaO)$	$w(MgO)$	$w(Al_2O_3)$	$w(TiO_2)$	$w(V_2O_5)$	$w(烧损)$
1	黑山钒粉	60.26	29.36	2.28	0.41	1.38	3.78	7.72	0.86	1.94
2	普通铁精粉	64.96	27.61	4.99	0.96	0.64	2.28	1.04	0.16	2.30
3	含钒铁精粉	63.48	26.39	3.22	1.03	1.68	4.26	3.08	0.65	2.18
4	机烧返矿	52.80	8.85	5.17	9.05	3.30	4.01	3.48	0.42	0.22
5	混合石灰	—	—	4.62	61.91	10.25	2.08			22.02
6	焦粉	—	—	38.75	5.15	0.20	30.98			21.00

对比普通和钒钛含铁原料，由表 3-1 和表 3-2 可知，铁精粉含铁品位差距并不明显；钒钛烧结试验使用铁精粉较普通铁精粉 FeO（质量分数）高近 4%；钒钛铁精粉中 TiO_2，特别是黑山钒粉，TiO_2 含量（质量分数）达到 7%，而普通铁精粉中含量较低，只有 0.3% ~ 1.1%；普通铁精粉中 SiO_2 含量（质量分数）高，达到 7.3% ~ 8.4%，而钒钛铁精粉中 SiO_2 含量（质量分数）低，只有 2.2% ~ 4.9%，属于低硅烧结范围；普通铁精粉中 Al_2O_3 含量（质量分数）较低，只有 1.8% ~ 1.9%，而钒钛铁精粉中 Al_2O_3 含量（质量分数）可以达到 2.2% ~ 4.2%；钒钛铁精粉中 V_2O_5 含量（质量分数）最高可以达到 0.8%，而普通铁精粉中基本上不含 V_2O_5。

3.1.2　试验方案

3.1.2.1　普通烧结试验方案

固定烧结矿的 $w(C) = 4.5\%$，改变烧结矿碱度分别为 1.8、2.0、2.2。普通烧结试验方案见表 3-3。

表 3-3　普通烧结试验配比　　　　　（%）

编　号	含铁料干配比（100%）				碱度	配碳量
	本地精粉	司家营粉	纽曼粉	机烧返矿		
H-1	40.00	20.00	20.00	20.00	1.8	4.5
H-2	40.00	20.00	20.00	20.00	2.0	4.5
H-3	40.00	20.00	20.00	20.00	2.2	4.5

固定烧结矿碱度为 2.0，改变配碳量（质量分数）分别为 4.0%、4.5%、5.0%。普通烧结试验方案见表 3-4。

表 3-4　普通烧结试验配比　　　　　（%）

编　号	含铁料干配比（100%）				配碳量	碱　度
	本地精粉	司家营粉	纽曼粉	机烧返矿		
H-4	40.00	20.00	20.00	20.00	4.0	2.0
H-5	40.00	20.00	20.00	20.00	4.5	2.0
H-6	40.00	20.00	20.00	20.00	5.0	2.0

普通烧结矿的理论成分见表 3-5。由表 3-5 可知，烧结矿的 $w(TFe)$ 含量在 52% ~ 54%，品位一般；$w(SiO_2)$ 含量在 6% 左右，$w(SiO_2)$ 较高；$w(TiO_2)$ 含量在 0.3% ~ 0.4%，含量低；$w(Al_2O_3)$ 含量为 2.5%，含量较低。

表 3-5 普通烧结矿的理论化学成分 （质量分数/%）

试验号	$w(TFe)$	$w(CaO)$	$w(SiO_2)$	$w(Al_2O_3)$	$w(TiO_2)$	$w(MgO)$
H-1	54.31	12.60	6.62	2.49	0.40	2.97
H-2	53.58	13.05	6.52	2.51	0.37	3.27
H-3	52.78	13.38	6.40	2.52	0.35	3.31
H-4	54.08	12.74	6.38	2.49	0.36	3.18
H-5	53.58	13.05	6.52	2.51	0.37	3.27
H-6	53.26	12.89	6.46	2.56	0.36	3.21

3.1.2.2 钒钛烧结试验方案

固定烧结矿的含碳量为 4.5%，改变烧结矿碱度 1.8、2.0、2.2。钒钛烧结试验方案见表 3-6。

表 3-6 钒钛烧结试验配比 （%）

编 号	含铁料干配比（100%）				碱度	配碳量
	黑山钒粉	普通铁精粉	含钒铁精粉	机烧返矿		
C-1	20.00	30.00	30.00	20.00	1.8	4.5
C-2	20.00	30.00	30.00	20.00	2.0	4.5
C-3	20.00	30.00	30.00	20.00	2.2	4.5

固定烧结矿碱度为 2.0，改变配碳量（质量分数）分别为 4.0%、4.5%、5.0%。钒钛烧结试验方案见表 3-7。

表 3-7 钒钛烧结试验配比 （%）

编 号	含铁料干配比（100%）				碱 度	配碳量
	黑山钒粉	普通铁精粉	含钒铁精粉	机烧返矿		
C-4	20.00	30.00	30.00	20.00	2.0	4.0
C-5	20.00	30.00	30.00	20.00	2.0	4.5
C-6	20.00	30.00	30.00	20.00	2.0	5.0

钒钛烧结矿的理论成分见表 3-8。由表 3-8 可知，烧结矿的 $w(TFe)$ 含量在 53% ~ 54%，品位不高；$w(SiO_2)$ 含量在 4.5% 左右，属于低硅烧结矿；$w(TiO_2)$ 含量在 3.0% 左右；$w(Al_2O_3)$ 含量为 3.7% 左右，比普通烧结矿高出近 1.7%。

表3-8 钒钛烧结矿的理论化学成分 （%）

试验号	$w(TFe)$	$w(CaO)$	$w(SiO_2)$	$w(V_2O_5)$	$w(Al_2O_3)$	$w(TiO_2)$	$w(MgO)$
C-1	54.55	8.62	4.53	0.44	3.76	3.01	2.54
C-2	54.19	9.21	4.61	0.42	3.69	2.86	2.60
C-3	53.76	9.54	4.54	0.44	3.77	3.05	2.69
C-4	54.32	9.14	4.56	0.42	3.66	2.86	2.59
C-5	54.19	9.21	4.61	0.42	3.69	2.86	2.60
C-6	54.02	9.33	4.66	0.42	3.73	2.85	2.61

3.1.3 烧结矿质量对比

固定烧结矿的配碳量为4.5%时，在不同碱度条件下，普通烧结矿与钒钛烧结矿转鼓指数见表3-9。

表3-9 烧结矿转鼓指数 （%）

普通转鼓指数	钒钛烧结矿转鼓指数	碱 度
68.7	56.3	1.8
70.2	55.2	2.0
72.6	54.2	2.2

在不同碱度下，普通烧结矿与钒钛烧结矿转鼓指数关系如图3-2所示。

由图3-2可知，烧结矿配碳量固定，随着烧结矿碱度的提高，普通烧结矿的转鼓指数提高，在碱度为2.2时，转鼓指数最高；钒钛烧结矿随着碱度的升高，转鼓指数值有所降低，但是降低幅度不大，在碱度为1.8时，转鼓指数最高。同时对普通烧结矿与钒钛烧结矿在相同的碱度下转鼓指数对比，在碱度1.8时，转鼓指数相差12%；碱度为2.0时，转鼓指数相差15%；碱度为2.2时，转鼓指数相差18%。钒钛烧结矿冷强度差。

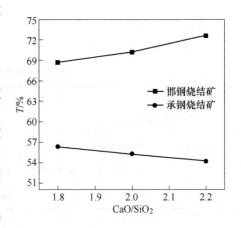

图3-2 烧结矿转鼓指数对比

固定烧结矿的碱度为2.0，改变烧结矿的配碳量，普通烧结矿与钒钛烧结矿转鼓指数见表3-10。

表 3-10 烧结矿转鼓指数 （质量分数/%）

普通转鼓指数	钒钛烧结矿转鼓指数	配碳量
69.3	54.3	4.0
70.2	55.2	4.5
69.8	53.1	5.0

在不同的燃料配比条件下，普通烧结矿与钒钛烧结矿转鼓指数的关系如图 3-3 所示。

由图 3-3 可知，烧结矿碱度固定，随着烧结燃料配比的提高，普通烧结矿转鼓指数先增加后降低，但是变化幅度相差并不大，在碱度 2.0 时，转鼓指数最高；钒钛烧结矿随着烧结燃料配比的提高，转鼓指数先增加后降低，同样是在碱度为 2.0 时，转鼓指数最高。同时对比普通烧结矿与钒钛烧结矿转鼓指数在相同的燃料配比下进行比较，在燃料配比为 4.0% 时，转鼓指数相差近 15%；

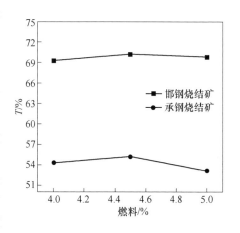

图 3-3 烧结矿转鼓指数对比

在燃料配比为 4.5% 时，转鼓指数相差 15%；在燃料配比为 5.0% 时，转鼓指数相差 16%。普通烧结矿冷强度高。

综合以上分析可以得出：

（1）在烧结矿配碳量固定时，随着烧结矿碱度的增加，普通烧结矿转鼓指数提高，碱度的增加可以提高普通烧结矿的转鼓指数，但对于钒钛烧结矿碱度的提高对烧结矿的转鼓指数提高并不明显。

（2）在烧结矿碱度固定时，随着烧结矿配碳量的增加，普通烧结矿与钒钛烧结矿转鼓指数都是先增加后降低，在配碳量为 4.5% 时，转鼓指数最高，可以得出适当地提高烧结矿的配碳量可以改善烧结矿的转鼓指数。

（3）相同的配碳量和碱度条件下，普通烧结矿与钒钛烧结矿转鼓指数进行对比可以得出，烧结矿转鼓指数相差 15% 左右，普通烧结矿的冷强度更高。

3.1.4 烧结矿冶金性能对比

固定烧结矿配碳量为 4.5%，在相同的碱度下，普通烧结矿和钒钛烧结矿冶金性能分别见表 3-11 和表 3-12。

表 3-11　普通烧结矿冶金性能　　　　　　　（%）

碱　度	RI	$RDI_{+3.15}$	$RDI_{-0.5}$
1.8	70.21	69.72	10.25
2.0	73.47	74.65	6.72
2.2	76.64	76.32	5.49

表 3-12　钒钛烧结矿冶金性能　　　　　　　（%）

碱　度	RI	$RDI_{+3.15}$	$RDI_{-0.5}$
1.8	74.18	33.82	28.97
2.0	74.32	24.92	30.56
2.2	78.65	25.87	24.83

　　燃料配比相同，在不同的烧结矿碱度下，普通烧结矿与钒钛烧结矿还原性和低温还原粉化的关系如图 3-4 和图 3-5 所示。

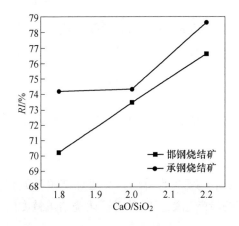

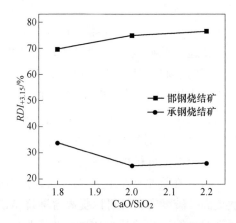

图 3-4　烧结矿还原性对比　　　　　图 3-5　烧结矿低温还原粉化性对比

　　由图 3-4 和图 3-5 可以看出，配碳量相同时，普通烧结矿还原性，随着碱度的提高而逐渐提高，同时 $RDI_{+3.15}$ 随着碱度的增加而提高；钒钛烧结矿随着碱度的提高还原性增加，但 $RDI_{+3.15}$ 随着碱度的增加，$RDI_{+3.15}$ 逐步降低，碱度为 1.8 时，$RDI_{+3.15}$ 最好。同时对普通烧结矿与钒钛烧结矿在相同的碱度和配碳量下进行比较，在碱度为 1.8 时，钒钛烧结矿比普通烧结矿还原性高 4%，普通烧结矿 $RDI_{+3.15}$ 比钒钛烧结矿高 46%；碱度为 2.0 时，钒钛烧结矿比普通烧结矿还原度高 1%，普通烧结矿 $RDI_{+3.15}$ 比钒钛烧结矿高 50%；碱度为 2.2 时，钒钛烧结矿比普通烧结矿还原度高 2%，普通烧结矿 $RDI_{+3.15}$ 比钒钛烧结矿高 51%。

固定烧结矿的碱度为 2.0，改变烧结矿的配碳量，普通烧结矿与钒钛烧结矿冶金性能分别见表 3-13 和表 3-14。

表 3-13 普通烧结矿冶金性能 （%）

配碳量	RI	$RDI_{+3.15}$	$RDI_{-0.5}$
4.0	75.39	73.59	8.94
4.5	73.47	74.65	6.72
5.0	72.19	78.39	7.64

表 3-14 钒钛烧结矿冶金性能 （%）

配碳量	RI	$RDI_{+3.15}$	$RDI_{-0.5}$
4.0	77.59	23.69	29.68
4.5	74.32	24.92	30.56
5.0	75.13	28.34	33.39

相同碱度，不同燃料配比下，普通烧结矿与钒钛烧结矿还原性和低温还原粉化性如图 3-6 和图 3-7 所示。

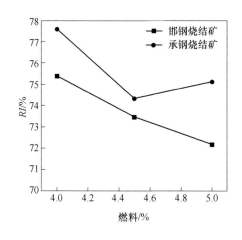

图 3-6 烧结矿还原性对比

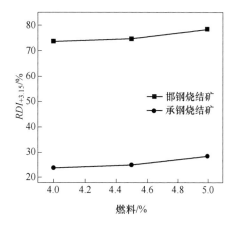

图 3-7 烧结矿低温还原粉化性对比

由图 3-6 和图 3-7 可以看出，碱度相同时，普通烧结矿还原性，随着配碳量的提高而逐渐降低，同时 $RDI_{+3.15}$ 随着配碳量的增加而提高；钒钛烧结矿随着配碳量的提高还原性降低，但 $RDI_{+3.15}$ 随着配碳量的增加而提高。同时对普通烧结矿与钒钛烧结矿在相同的碱度和配碳量下进行比较，在配碳量为 4.0% 时，钒钛烧结矿比普通烧结矿还原度高 2%，普通烧结矿 $RDI_{+3.15}$ 比钒钛烧结矿高 50%；

配碳量为 4.5% 时，钒钛烧结矿比普通烧结矿还原度高 1%，普通烧结矿 $RDI_{+3.15}$ 比钒钛烧结矿高 50%；配碳量为 5.0% 时，钒钛烧结矿比普通烧结矿还原度高 2%，普通烧结矿 $RDI_{+3.15}$ 比钒钛烧结矿高 51%。

综合以上分析可知，在烧结配碳量固定时，随着烧结矿碱度的增加，普通烧结矿还原性提高，$RDI_{+3.15}$ 随着碱度的增加而提高，碱度的增加可以提高普通烧结矿的还原性与低温还原粉化指数；碱度 1.8 ~ 2.2 之间，钒钛烧结矿随着碱度的提高，还原性增加，$RDI_{+3.15}$ 降低，因此碱度在此范围内变化对提高钒钛烧结矿 $RDI_{+3.15}$ 并没有起到明显作用。

在烧结矿碱度固定为 2.0 时，普通烧结矿随着配碳量的提高还原性逐渐降低，$RDI_{+3.15}$ 随着配碳量的增加而提高，因此配碳量的增加可以提高普通烧结矿的 $RDI_{+3.15}$ 指标；钒钛烧结矿随着配碳量的增加还原性降低，但 $RDI_{+3.15}$ 随着配碳量的增加而提高。因此配碳量的提高有利于改善钒钛烧结矿的 $RDI_{+3.15}$ 指标。

相同的配碳量和碱度条件下，普通烧结矿转鼓指数比钒钛烧结矿高出 15% 左右。

3.2 烧结矿黏结相分析

黏结相是烧结矿的重要组成部分，主要有铁酸盐和硅酸盐两大类，此外还有钙钛矿、枪晶石等。黏结相一般占矿物体积总量的 30% ~ 45%。是在烧结过程中高温条件下生成的液相冷却凝结而成，其黏结相数量、矿物组成、形成机理和各项物理化学性质都对烧结矿的质量有重要影响[18,19]。

对比普通烧结矿与钒钛烧结矿的黏结相数量及铁酸钙含量。通过热力学计算和相图分析找出钒钛磁铁矿黏结相数量少的原因。对钙钛矿周围黏结相应力问题进行分析，对钒钛烧结矿黏结相强度进行评价。

3.2.1 黏结相数量对比

烧结矿配碳量相同的情况下，普通烧结矿和钒钛烧结矿矿物组成及体积分数见表 3-15 和表 3-16。

表 3-15   普通烧结矿矿物组成及体积分数   （%）

编号	碱度	配碳量	金属相		黏结相				
			磁铁矿	赤铁矿	铁酸钙	硅酸二钙	硅灰石	玻璃质	残余 CaO
H-1	1.8	4.5	25 ~ 30	15 ~ 20	25 ~ 30	10 ~ 15	少量	1 ~ 2	—
H-2	2.0	4.5	35 ~ 40	20 ~ 25	30 ~ 35	15 ~ 20	少量	2 ~ 3	—
H-3	2.2	4.5	30 ~ 35	15 ~ 20	25 ~ 30	13 ~ 18	少量	1 ~ 2	1 ~ 2

表 3-16　钒钛烧结矿矿物组成及体积分数　　　　　（%）

编号	碱度	配碳量	金属相			黏结相				
			磁铁矿	赤铁矿	钙钛矿	铁酸钙	硅酸二钙	钙镁橄榄石	玻璃质	硫化物
C-1	1.8	4.5	35~40	20~25	15~20	8~10	10~12	2~3	2~3	—
C-2	2.0	4.5	35~40	15~20	20~23	10~15	12~15	—	少量	—
C-3	2.2	4.5	20~25	25~30	20~25	15~20	7~10	2~3	2~3	少量

由表 3-15 和表 3-16 可知，配碳量相同，随着烧结矿碱度的提高，普通烧结矿黏结相中铁酸钙含量增加，硅酸二钙含量变化不大，在碱度 2.0 时，黏结相数量最多；钒钛烧结矿随着碱度的升高，铁酸钙数量增加，在碱度 2.2 时，铁酸钙数量最多，硅酸二钙随着碱度的增加先增加后减少，黏结相数量相差不大。

在相同的烧结矿碱度与配碳量情况下，对普通烧结矿与钒钛烧结矿黏结相数量进行对比：碱度为 1.8 时，铁酸钙数量相差 18%，硅酸二钙数量相差 2%，两项之和的黏结相数量相差 20%；在碱度为 2.0 时，铁酸钙数量相差 20%，硅酸二钙数量相差 4%，两项之和的黏结相数量相差近 24%；在碱度为 2.2 时，铁酸钙数量相差近 10%，硅酸二钙数量相差 7%，两项之和的黏结相数量相差近 17%。

综合以上所述得出：烧结矿配碳量固定，碱度的提高，无论是对于钒钛烧结矿还是普通烧结矿，均可以增加黏结相的数量，从而有利于烧结矿质量的提高。

在配碳量相同，碱度相同时，普通烧结矿比钒钛烧结矿黏结相数量上多出近 20%，特别是铁酸钙数量相差较大。普通烧结矿强度优于钒钛烧结矿。

固定烧结矿的碱度为 2.0，改变烧结矿的配碳量，普通烧结矿和钒钛烧结矿矿物组成及体积分数见表 3-17 和表 3-18。

表 3-17　普通烧结矿矿物组成及体积分数　　　　　（%）

编号	碱度	配碳量	金属相		黏结相				
			磁铁矿	赤铁矿	铁酸钙	硅酸二钙	硅灰石	玻璃质	残余 CaO
H-4	2.0	4.0	20~25	10~15	25~30	20~25	少量	1~2	—
H-5	2.0	4.5	35~40	5~8	30~35	15~20	少量	2~3	—
H-6	2.0	5.0	30~35	5~10	30~35	15~20	—	1~2	少量

表 3-18　钒钛烧结矿矿物组成及体积分数　　　　　（%）

编号	碱度	配碳量	金属相			黏结相				
			磁铁矿	赤铁矿	钙钛矿	铁酸钙	硅酸二钙	钙镁橄榄石	玻璃质	硫化物
C-4	2.8	4.0	20~25	35~40	10~12	10~13	12~15	—	2~3	—
C-5	2.0	4.5	25~30	25~30	15~20	10~15	12~15	—	1~2	—
C-6	2.0	5.0	30~35	10~12	20~25	15~18	10~12	—	5~7	—

　　由表 3-17 和表 3-18 可知，随着烧结矿配碳量的提高，普通烧结矿黏结相中铁酸钙含量增加，硅酸二钙含量减少，但黏结相数量变化不大；钒钛烧结矿随着配碳量的升高，铁酸钙数量增加，在碱度 2.2 时，铁酸钙数量最多，硅酸二钙含量变化不大，黏结相数量上基本相同。

　　配碳量为 4.0% 时，普通烧结矿与钒钛烧结矿相比，铁酸钙数量相差近15%，硅酸二钙数量相差 10%，普通烧结矿黏结相数量上比钒钛烧结矿多近25%；配碳量为 4.5% 时，铁酸钙含量相差 20%，硅酸二钙相差 4%，普通烧结矿黏结相数量上比钒钛烧结矿多近 25%；配碳量为 5.0% 时，铁酸钙数量相差近 18%，硅酸二钙相差不大，普通烧结矿黏结相数量上比钒钛烧结矿多近 20%。

　　综合以上所述，烧结矿碱度固定，配碳量的提高，无论是钒钛烧结矿还是普通烧结矿，黏结相数量上变化不大，铁酸钙含量有所增加，从而有利于烧结矿质量的提高。

　　在碱度相同，配碳量相同的情况下，普通烧结矿的黏结相数量比钒钛烧结矿多出近 20%，特别是黏结性能最好的铁酸钙数量也相差近 10%，造成了普通烧结矿比钒钛烧结矿冷强度高。

3.2.2　热力学分析

　　在钒钛烧结矿物组成中，钙钛矿主要以 $CaO \cdot TiO_2$、$4CaO \cdot 3TiO_2$、$3CaO \cdot 2TiO_2$ 状态存在；硅酸盐系列黏结相主要以 $CaO \cdot SiO_2$、$2CaO \cdot SiO_2$、$3CaO \cdot 2SiO_2$、$3CaO \cdot SiO_2$ 状态存在；铁酸钙黏结相主要以 $CaO \cdot Fe_2O_3$、$2CaO \cdot 3Fe_2O_3$ 状态存在。

　　分别对其生成的化学反应进行热力学计算，计算反应吉布斯自由能大小，比较在烧结情况下，各物质反应生成的难易程度。

3.2.2.1　钙钛矿生成的反应

$$CaO + TiO_2 === CaO \cdot TiO_2 \tag{3-1}$$

$$4CaO + 3TiO_2 === 4CaO \cdot 3TiO_2 \tag{3-2}$$

$$3CaO + 2TiO_2 === 3CaO \cdot 2TiO_2 \tag{3-3}$$

$$TiO_2 + CaO \cdot Fe_2O_3 === CaO \cdot TiO_2 + Fe_2O_3 \tag{3-4}$$

生成钙钛矿的吉布斯自由能与温度的关系如图 3-8 所示。

　　通过对烧结过程生成钙钛矿的几种反应式进行热力学计算，进行比较，由图3-8 中可以看出：钙钛矿以 $4CaO \cdot 3TiO_2$ 状态存在时，反应吉布斯自由能最小，最容易生成，并且随着温度的升高，反应吉布斯自由能逐渐减小，温度的升高有利于 $4CaO \cdot 3TiO_2$ 生成；$3CaO \cdot 2TiO_2$ 在低于 800℃ 较易生成，但随着温度的升

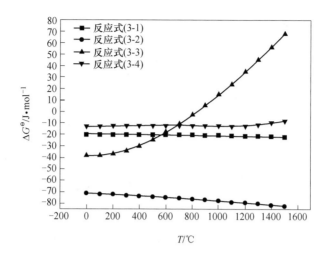

图 3-8　反应生成钙钛矿的吉布斯自由能与温度的关系

高，反应吉布斯自由能为正值，在高温下不能反应生成；$CaO \cdot TiO_2$ 随着温度的升高，吉布斯自由能变小，高温下有利于 $CaO \cdot TiO_2$ 生成，但是与 $4CaO \cdot 3TiO_2$ 相比，高温状态下，更容易生成 $4CaO \cdot 3TiO_2$。因此在高温状态下，钙钛矿主要以 $4CaO \cdot 3TiO_2$ 形态存在。在温度 400～610℃以下时，在烧结过程中可以通过固相反应生成 $CaO \cdot Fe_2O_3$，而在烧结过程中 TiO_2 还可以与生成的 $CaO \cdot Fe_2O_3$ 反应生成 $CaO \cdot TiO_2$，从而减少铁酸钙数量。导致钒钛烧结矿黏结相中铁酸钙数量少，从而影响烧结矿的整体强度。

3.2.2.2　硅酸钙生成的反应

$$CaO + SiO_2 =\!=\!= CaO \cdot SiO_2（硅灰石）\qquad(3-5)$$

$$2CaO + SiO_2 =\!=\!= 2CaO \cdot SiO_2（正硅酸钙）\qquad(3-6)$$

$$3CaO + 2SiO_2 =\!=\!= 3CaO \cdot 2SiO_2（硅钙石）\qquad(3-7)$$

$$3CaO + SiO_2 =\!=\!= 3CaO \cdot SiO_2（硅酸三钙）\qquad(3-8)$$

$$SiO_2 + CaO \cdot Fe_2O_3 =\!=\!= CaO \cdot SiO_2 + Fe_2O_3\qquad(3-9)$$

生成硅酸钙的吉布斯自由能与温度的关系如图 3-9 所示。

由图 3-9 可以看出，对于硅酸盐系列的黏结相，随着温度的升高，吉布斯自由能逐渐减少，高温有利于硅酸盐的形成。其中 $3CaO \cdot 2SiO_2$ 吉布斯自由能最小，并且随着温度的升高，吉布斯自由能相比最小，$3CaO \cdot 2SiO_2$ 最容易生成；同时在温度较低情况下，SiO_2 会与 $CaO \cdot Fe_2O_3$ 反应生成 $CaO \cdot SiO_2$，减少 $CaO \cdot Fe_2O_3$ 含量。

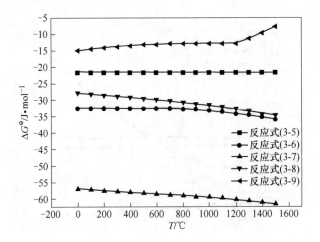

图 3-9 反应生成硅酸钙的吉布斯自由能与温度的关系

3.2.2.3 铁酸钙生成的反应

$$TiO_2 + CaO \cdot Fe_2O_3 \Longrightarrow CaO \cdot TiO_2 + Fe_2O_3 \tag{3-4}$$

$$SiO_2 + CaO \cdot Fe_2O_3 \Longrightarrow CaO \cdot SiO_2 + Fe_2O_3 \tag{3-9}$$

$$CaO + Fe_2O_3 \Longrightarrow CaO \cdot Fe_2O_3 (铁酸钙) \tag{3-10}$$

$$2CaO + Fe_2O_3 \Longrightarrow 2CaO \cdot Fe_2O_3 (铁酸二钙) \tag{3-11}$$

生成铁酸钙的吉布斯自由能与温度的关系如图 3-10 所示。

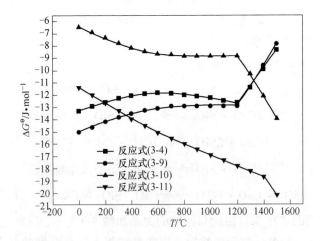

图 3-10 反应生成铁酸钙的吉布斯自由能与温度的关系

由图 3-10 可以看出，对于铁酸钙黏结相，随着温度的升高，Fe_2O_3 和 CaO 反应的吉布斯自由能逐渐减小，在相同的温度条件下，生成的 $2CaO \cdot Fe_2O_3$ 的吉布斯自由能更低，因此在相同条件下，$2CaO \cdot Fe_2O_3$ 更容易生成。而且随温度的升高, $CaO \cdot Fe_2O_3$ 与 $2CaO \cdot Fe_2O_3$ 的吉布斯自由能均逐渐降低, 因此高温都有利于铁酸钙黏结相的生成, 同时可以看出, 在温度低于1200℃时, TiO_2、SiO_2 都会与 $CaO \cdot Fe_2O_3$ 反应, 生成 $CaO \cdot TiO_2$ 与 $CaO \cdot SiO_2$, 从而在烧结条件下, 减少生成的铁酸钙的数量。

通过对以上反应进行热力学计算, 分析可以得出, 造成钒钛烧结中铁酸钙数量少的原因主要包括以下两个方面:

(1) 钒钛烧结过程中, TiO_2 与 CaO 的结合优于 Fe_2O_3, 因此会优先反应生成钙钛矿, 而且生成的钙钛矿并不属于黏结相, 从而减少黏结相的总量。

(2) 烧结过程中, 通过固相反应生成的铁酸钙在低温条件下会与 SiO_2 与 TiO_2 反应, 生成 $CaO \cdot TiO_2$ 与 $CaO \cdot SiO_2$, 从而造成生成的铁酸钙数量少。

3.2.3 相图分析

在烧结过程中, 低熔点的物质在高温作用下, 熔化生成低熔点的液态物质, 但是烧结物料中, 主要的矿物都属于高熔点, 在烧结温度下, 绝大部分不可能熔化生成液相, 因此当温度达到一定温度下, 各组分物质之间开始固相反应, 从而生成新的化合物, 使得在烧结温度下, 可以生成液相, 开始熔融[20]。

在钒钛烧结矿烧结过程中, 由于 TiO_2 物质的存在, 矿相含有钛赤铁矿、钛磁铁矿、钙钛矿、钛辉石、钛榴石等含钛矿物质。钒钛烧结矿属多元、复杂熔体, 对于液相中的铁酸钙和钙钛矿的生成关系很难用 TiO_2-CaO-Fe_2O_3 三元系相图精确说明, 但该三元系相图有助于进行理论分析。

TiO_2-CaO-Fe_2O_3 三元系相图如图 3-11 所示[21]。

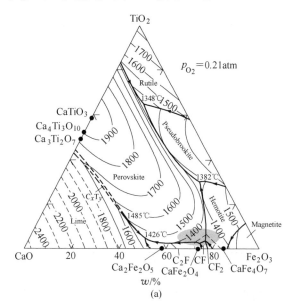

(a)

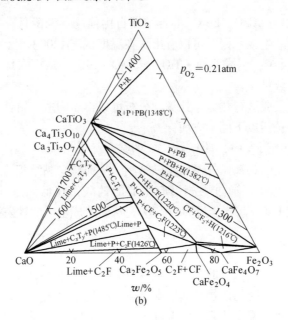

图 3-11　TiO_2-CaO-Fe_2O_3 三元系相图

(a) 温度图；(b) 三元相图组成图

根据钒钛烧结矿的理论化学成分，采用相图平行线法，可以确定得出烧结矿的黏结相存在区域主要是在图 3-11(a) 中所示阴影区域。主要处于钙钛矿的 1400℃ 等温线以下区域内，其正处于烧结温度范围内。

在 TiO_2-CaO-Fe_2O_3 三元系下，不同结晶温度点下的物质组成见表 3-19。

表 3-19　不同结晶温度点下的物质组成

温度/℃	相	组成/wt %		
		CaO	TiO_2	以 Fe_2O_3 形态存在 Fe
1216	H, CF, C_2F, Liq.	21	3	76
1220	P, H, CF, Liq.	21	4	75
1223	P, CF, CF_2, Liq.	24	3	73
1332	R, PB, H, Liq.	10	30	60
1348	R, P, PB, Liq.	16	64	20
1405	P, C_xT_y, CaO, Liq.	50	13	37
1426	P. C_2F, CaO, Liq.	46	5	49

钙钛矿的熔点高达 1970℃，而烧结过程中燃烧带的温度在 1100~1500℃，并没有达到钙钛矿的熔点，因此在烧结条件下钙钛矿并不可能以液相状态存在。

从表3-19中可以清楚地得出，在1220℃时，在 TiO_2-CaO-Fe_2O_3 三元系相图中，为钙钛矿，赤铁矿，铁酸钙和液相的共熔结构。在1223℃时，为钙钛矿、铁酸钙、铁酸一钙和液相的共熔体，只要温度高于1220℃，在 TiO_2-CaO-Fe_2O_3 三元系中，就会有钙钛矿生成，而在烧结的环境和温度下，均可满足钙钛矿的生成条件。因此钙钛矿是通过固相反应生成，生成之后一直以固态状态存在，而并不是在烧结液相冷凝过程中，钙钛矿因熔点高而首先析出，而是以固体状弥散分布在钒钛烧结矿中。

3.3 烧结矿矿相结构研究

借助光学显微镜对烧结矿的矿相结构进行分析，在相同碱度和配碳量条件下，对比普通烧结矿与钒钛烧结矿的矿相显微结构，研究其微观结构的差异，为得出钒钛烧结矿低温还原粉化性能差提供理论依据。

3.3.1 烧结矿矿相显微结构分析

3.3.1.1 相同碱度下烧结矿显微结构

配碳量相同，固定配碳量为4.5%，改变烧结矿的碱度分别为1.8、2.0、2.2。对比普通烧结矿与钒钛烧结矿的矿相显微结构，比较其显微结构的差异。

A H-1 与 C-1 矿相结构分析

H-1 所示普通烧结矿矿相显微结构如图3-12所示。矿相显微结构较均匀，主要以交织熔蚀结构为主。气孔率为20%~25%，气孔分布不均，大小不一，大气孔偏多，形态不规则。赤铁矿分布不均匀，多以细小的他形晶状存在，少量的呈

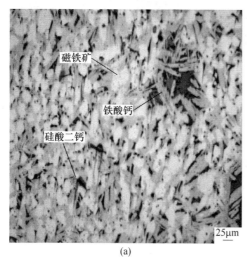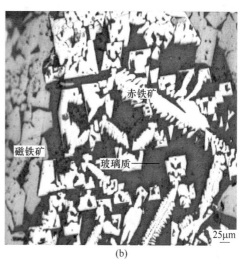

(a)   (b)

图3-12 碱度为1.8时普通烧结矿的矿相结构

（a）交织熔蚀结构；（b）赤铁矿的骸晶结构

自形、半自形，结晶粒度不等，粒度大小为 0.005~0.073mm，他形状赤铁矿被镁橄榄石、硅酸二钙和玻璃质胶结成粒状结构，部分赤铁矿零星分布于磁铁矿间隙中，局部赤铁矿以骸晶状存在。黏结相主要以铁酸钙为主，以他形板柱状为主，部分呈针状，分布不均匀，且结晶粒度较粗。硅酸二钙主要以他形粒、针状为主，部分为柳叶状，并与铁酸钙共同胶结与磁铁矿形成交织熔蚀结构。

C-1 所示钒钛烧结矿矿相显微结构如图 3-13 所示。矿相显微结构不均匀，以骸晶结构、粒状结构为主，局部呈交织熔蚀结构。气孔率为 40%~45%，气孔分布不均，大小不一，气孔之间多相互连通，大气孔偏多，且形态不规则。裂隙裂纹发育。赤铁矿主要呈菱形定向排列，内部多被熔蚀形成骸晶结构，部分呈他形粒状，其间被玻璃质和钙镁橄榄石胶结形成粒状结构。分布不均匀，多分布于气孔和矿块边缘，结晶粒度不等，一般为 0.03~0.4mm。钙钛矿多呈不定形、他形晶充填于磁铁矿晶粒间与硅酸二钙共同胶结磁铁矿形成粒状结构，部分呈树枝状集中分布。

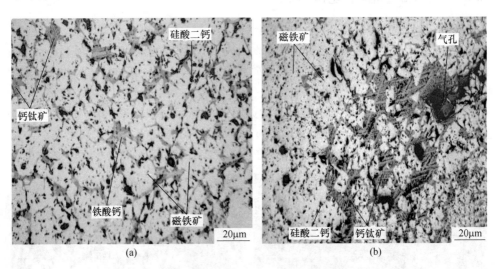

图 3-13 碱度为 1.8 时烧结矿的矿相结构

（a）粒状结构；（b）集中分布的钙钛矿

综上所述比较可知：在固定碳含量为 4.5%，碱度为 1.8 时，钒钛烧结矿比普通烧结矿气孔率增加近 20 个百分点。并且普通烧结矿矿相显微结构均匀，以交织熔蚀结构为主，而钒钛烧结矿矿相显微结构不均匀，主要以粒状结构、骸晶结构为主，并且赤铁矿多被熔蚀形成骸晶结构多分布于气孔和矿块边缘，结晶粒度不均。

B H-2 与 C-2 矿相结构分析

H-2 所示普通烧结矿矿相显微结构如图 3-14 所示。矿相显微结构均匀，以交

图 3-14 碱度为 2.0 时普通烧结矿的矿相结构
1—磁铁矿；2—铁酸钙；3—玻璃质斑状结构

织熔蚀结构为主，局部呈斑状结构。气孔率为 15%～20%，气孔分布不均匀，大小不一，气孔形态不规则。赤铁矿以半自形、自形晶态存在，少量呈他形晶。粒度为 0.015～0.06mm。并且赤铁矿呈零星分布状，存在于磁铁矿中，少量以菱形状排列。黏结相主要以铁酸钙与硅酸二钙为主，含有少量的玻璃质和镁橄榄石，铁酸钙主要以针状存在，部分呈柱状，硅酸二钙主要呈柳叶状、粒状，镁橄榄石主要以呈柱状分布，含量较少，铁酸钙、硅酸二钙与少量玻璃质共同胶结磁铁矿呈交织熔蚀结构。

　　C-2 所示钒钛烧结矿矿相显微结构如图 3-15 所示。矿相显微结构不均匀，既

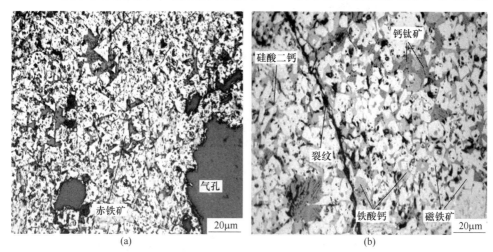

(a)　　　　　　　　　　　　　　　　(b)

图 3-15 碱度为 2.0 时钒钛烧结矿的矿相结构
(a) 骸晶状的赤铁矿；(b) 粒状结构

有交织熔蚀结构，又有粒状结构。气孔率为 30% ~ 35%，气孔分布不均，大小不一，且形态不规则，小气孔居多，气孔之间连通，裂隙裂纹发育。赤铁矿分布不均匀，主要分布于气孔周围，内部多被熔蚀形成骸晶结构，结晶粒度一般为 0.01 ~ 0.15mm。钙钛矿为主要胶结相，多呈不定形、他形晶充填于磁铁矿晶粒间，部分呈树枝状集中分布。铁酸钙多呈柱状。硅酸二钙主要呈他形粒状，部分柳叶状。

综上所述比较可知：在固定碳含量为 4.5%，碱度为 2.0 时，钒钛烧结矿比普通烧结矿气孔率增加近 10 个百分点。并且普通烧结矿矿相主要为交织熔蚀结构为主，部分呈斑状结构。而钒钛烧结矿矿相结构不均匀，既有粒状结构，又有交织熔蚀结构，赤铁矿分布不均匀，主要分布于气孔周围，内部多被熔蚀形成骸晶结构。

C　H-3 与 C-3 矿相结构分析

H-3 所示普通烧结矿矿相显微结构如图 3-16 所示。矿相显微结构较均匀，交织熔蚀结构为主。气孔率为 20% ~ 25%，气孔分布不均，大小不一，小气孔偏多，形态较规则，赤铁矿与硅酸二钙、镁橄榄石胶结形成粒状结构，局部存在骸晶状赤铁矿。黏结相以铁酸钙为主，多以板柱状存在，部分为针状，粒度较粗，分布不均匀，硅酸二钙主要以针状、粒状存在，铁酸钙与硅酸二钙共同与磁铁矿胶结形成交织熔蚀结构。

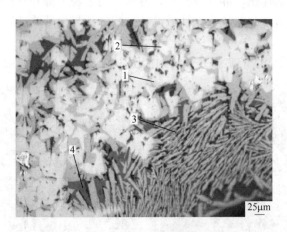

图 3-16　碱度为 2.2 时烧结矿的矿相结构

1—赤铁矿；2—磁铁矿；3—铁酸钙；4—玻璃质集中分布的铁酸钙

C-3 所示钒钛烧结矿矿相显微结构如图 3-17 所示。矿相显微结构不均匀，局部反应不均，以骸晶状结构、粒状结构为主，局部呈交织熔蚀结构。气孔率为 40% ~ 45%，气孔分布不均，且大小不一，气孔之间多相互连通，大气孔偏多，形态不规则。裂隙裂纹发育。赤铁矿主要呈菱形定向排列分布于气孔周围，内部

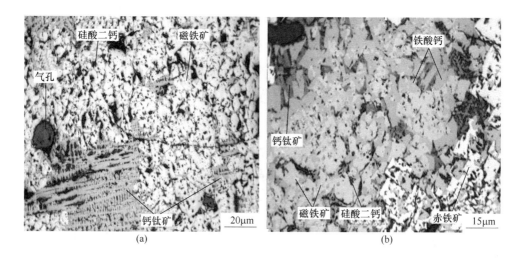

图 3-17 碱度为 2.2 时钒钛烧结矿的矿相结构

（a）粒状结构和集中分布的钙钛矿；（b）熔蚀结构

多被熔蚀形成骸晶结构，部分呈半自形晶分布于矿块边缘。结晶粒度不等，一般为 0.02 ~ 0.32mm。钙钛矿多呈不定形、他形晶充填于磁铁矿晶粒间与硅酸二钙共同胶结磁铁矿形成粒状结构，部分呈树枝状集中分布。硅酸二钙主要呈他形粒状，部分柳叶状。铁酸钙主要呈柱状分布。

综上所述比较可知：在固定碳含量为 4.5%，碱度为 2.2 时，钒钛烧结矿比普通烧结矿气孔率增加近 15 个百分点。并且普通烧结矿矿相显微结构较均匀，以交织熔蚀结构为主，而钒钛烧结矿矿相显微结构不均匀，主要以粒状结构、骸晶结构为主，局部呈交织熔蚀结构。赤铁矿主要呈菱形定向排列分布于气孔周围，内部多被熔蚀形成骸晶结构，部分呈半自形晶分布于矿块边缘。

3.3.1.2 相同配碳量下烧结矿显微结构

在相同碱度情况下，碱度固定在 2.0，改变烧结矿的配碳量，分别为 4.0%、4.5%、5.0%。对比普通烧结矿与钒钛烧结矿的矿相结构，比较赤铁矿存在形式、其气孔率大小及气孔周围物质。

A H-4 与 C-4 矿相结构分析

H-4 为普通烧结矿矿相显微结构如图 3-18 所示。矿相显微结构较均匀，以交织熔蚀结构为主，局部为粒状结构。气孔率为 15% ~ 20%，气孔分布较均匀，大小不一，且形态不规则。赤铁矿分布不均且含量较少，主要以半自形、他形晶分布于烧结矿的局部边缘位置。铁酸钙为主要的黏结相，分布不均匀，多以板柱状、细小针状存在，硅酸二钙呈柳叶状、他形粒状存在。

图 3-18   燃料配比为 4.0% 时普通烧结矿矿相结构（交织熔蚀结构）

C-4 所示钒钛烧结矿矿相显微结构如图 3-19 所示。矿相显微结构不均匀，以交织熔蚀结构为主，部分呈骸晶状结构，局部为粒状结构。气孔率为 35% ~ 40%，气孔分布不均匀，大小不一，大气孔偏多，且形态不规则，气孔之间多相互连通。裂纹裂隙发展。赤铁矿分布不均，其主要分布于气孔周围，且内部多被交织熔蚀为骸晶状结构，粒度一般为 0.01 ~ 0.13mm。钙钛矿多以他形晶、不定形状存在于磁铁矿晶粒间，部分呈树枝状集中分布。铁酸钙为主要黏结相，多呈柱状存在。

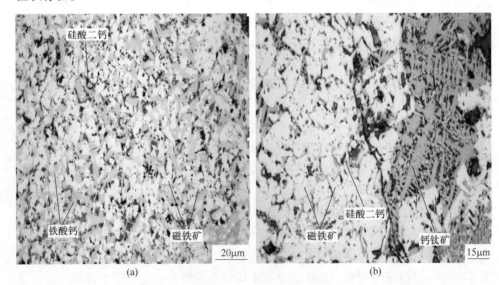

(a)   (b)

图 3-19   燃料配比为 4.0% 时钒钛烧结矿矿相结构
（a）交织熔蚀结构；（b）粒状结构和集中分布的钙钛矿

B H-5 与 C-5 矿相结构分析

H-5 所示普通烧结矿矿相显微结构如图 3-20 所示。矿相显微结构均匀，以交织熔蚀结构为主，局部呈斑状结构。气孔率为 15%～20%，气孔分布不均匀，大小不一，气孔形态不规则。赤铁矿以半自形、自形晶态存在，少量呈他形晶。粒度为 0.015～0.06mm。并且赤铁矿呈零星分布状，存在于磁铁矿中，少量以菱形状排列。黏结相主要以铁酸钙与硅酸二钙为主，含有少量的玻璃质和镁橄榄石，铁酸钙主要以针状存在，部分呈柱状，硅酸二钙主要呈柳叶状、粒状，镁橄榄石主要以呈柱状分布，含量较少，铁酸钙、硅酸二钙与少量玻璃质共同胶结磁铁矿呈交织熔蚀结构。

图 3-20 碱度为 2.0 时普通烧结矿的矿相结构

1—磁铁矿；2—铁酸钙；3—玻璃质斑状结构

C-5 所示钒钛烧结矿矿相显微结构如图 3-21 所示。矿相显微结构不均匀，既有交织熔蚀结构，又有粒状结构。气孔率为 30%～35%，气孔分布不均，大小不一，且形态不规则，小气孔居多，气孔之间连通，裂隙裂纹发育。赤铁矿分布不均匀，主要分布于气孔周围，内部多被熔蚀形成骸晶结构，结晶粒度一般为 0.01～0.15mm。钙钛矿为主要胶结相，多呈不定形、他形晶充填于磁铁矿晶粒间，部分呈树枝状集中分布。铁酸钙多呈柱状。硅酸二钙主要呈他形粒状，部分柳叶状。

综上所述比较可知：碱度为 2.0 时，在固定碳含量为 4.5%，钒钛烧结矿比普通烧结矿气孔率增加近 10 个百分点。并且普通烧结矿矿相主要为交织熔蚀结构为主，部分呈斑状结构。而钒钛烧结矿矿相结构不均匀，既有粒状结构，又有交织熔蚀结构，赤铁矿分布不均匀，主要分布于气孔周围，内部多被熔蚀形成骸晶结构。

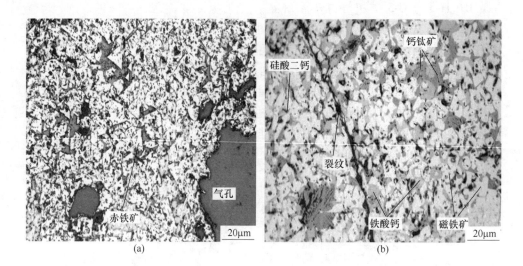

图 3-21 碱度为 2.0 时钒钛烧结矿的矿相结构
(a) 骸晶状的赤铁矿；(b) 粒状结构

C H-6 与 C-6 矿相结构分析

H-6 所示普通烧结矿的矿相显微结构如图 3-22 所示。矿相显微结构均匀，以交织熔蚀结构为主，局部呈现矿化不均匀态，气孔率为 20% ~25% ，气孔分布较均匀，但气孔大小不均，大气孔偏多且形态分布呈不规则状态，局部存在少量微细裂纹。赤铁矿多以微小他形粒状存在，且分布不均匀，部分呈现自形晶、半自形晶，少量以菱形状排列，粒度大小为 0.005 ~0.05mm 。主要的黏结相为铁酸钙，以针状、他形晶状存在，部分呈现板柱状。硅酸二钙分布较均匀，多呈他形粒状和针状。铁酸钙与硅酸二钙共同与磁铁矿胶结在一起形成交织熔蚀。

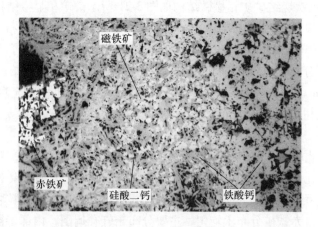

图 3-22 燃料配比为 5.0% 时普通烧结矿矿相结构（交织熔蚀结构）

C-6 所示钒钛烧结矿矿相结构如图 3-23 所示。矿相显微结构不均匀，主要以骸晶状结构与交织熔蚀结构为主，局部为粒状—斑状结构。气孔率为 50% ~ 55%，气孔分布较均匀，其大小不一，大气孔偏多且形态不规则，气孔之间多连通，裂纹呈裂隙发展。赤铁矿分布不均匀，主要呈菱形定向排列分布于气孔周围，内部多被熔蚀形成骸晶结构，少量分布于磁铁矿边缘，形成包边结构。结晶粒度不等，一般为 0.01 ~ 0.16mm。铁酸钙为主要胶结相，多呈柱状，部分他形晶、针状。硅酸二钙主要呈他形粒状，部分柳叶状。钙钛矿主要呈树枝状分布于玻璃质中，少量呈不定形、他形晶充填于磁铁矿晶粒间。

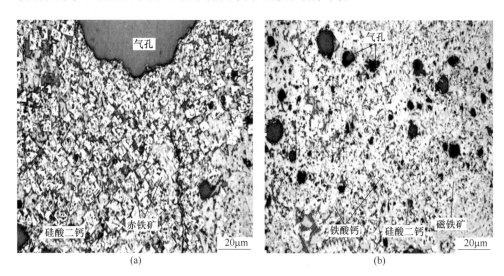

(a)   (b)

图 3-23　燃料配比为 5.0% 时钒钛烧结矿矿相结构

（a）定向排列赤铁矿；（b）交织熔蚀结构

综上所述比较可知：碱度为 2.0 时，在固定碳含量为 5.0%，钒钛烧结矿比普通烧结矿气孔率增加近 30 个百分点。并且普通烧结矿矿相显微结构主要为交织熔蚀结构为主，部分呈斑状结构。而钒钛烧结矿矿相显微结构不均匀，主要以骸晶状结构、交织熔蚀结构为主，局部为粒状结构—局部斑状，赤铁矿分布不均匀，主要呈菱形定向排列分布于气孔周围，内部多被熔蚀形成骸晶结构。

3.3.2　钒钛烧结矿低温还原粉化理论

对钒钛烧结矿，选取 C-2 作为试验对象，按国标进行低温还原粉化试验，500℃下通还原气体，然后分别在试验开始、试验进行到 30min、试验结束后取样，然后分别进行矿物组成与矿相显微结构分析。在不同低温还原粉化时间下烧结矿的矿物组成见表 3-20。

表 3-20　不同还原时间烧结矿的矿物组成　　　　　　　　（%）

还原时间 /min	金属相			黏结相				
	磁铁矿	赤铁矿	钙钛矿	铁酸钙	硅酸二钙	钙镁橄榄石	玻璃质	硫化物
0	25~30	25~30	20~25	12~15	10~12	—	1~2	少量
30	40~45	10~15	8~10	2~3	7~10	少量	5~7	—
60	60~65	少量	少量	1~2	15~20	7~10	5~7	少量

由表 3-20 可以看出，随着低温还原粉化过程的进行，赤铁矿逐步还原生成磁铁矿，在粉化过程结束后，赤铁矿基本上不存在，全部生成磁铁矿，同时钙钛矿随着粉化反应的进行，钙钛矿逐渐减少，反应结束后，只有少量存在。

对低温还原粉化初始烧结矿、反应进行 30min 时矿样、反应结束后矿样进行矿相分析，矿相结构如图 3-24 ~ 图 3-26 所示。

由图 3-24 所示显微结构可知，钒钛烧结矿还原初始时矿相显微结构不均匀，粒状结构与交织熔蚀结构交叉分布。气孔分布不均，且气孔大小不一，气孔率为 30% ~ 35%，多以小气孔状存在，且气孔形态不规则，气孔间相互连通。裂隙裂

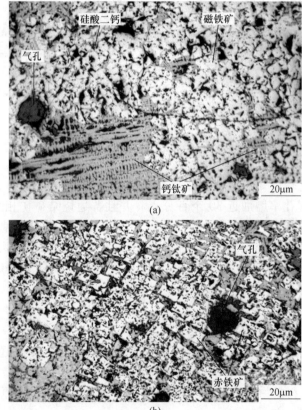

(a)

(b)

(c)

图 3-24 烧结矿原样的矿相结构

（a）粒状结构和集中分布的钙钛矿；（b）骸晶结构的赤铁矿；（c）熔蚀结构

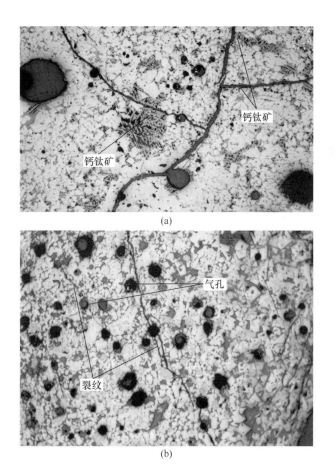

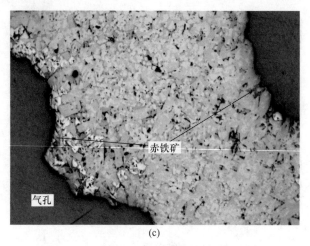

(c)

图 3-25 还原 30min 时的烧结矿矿相结构

(a) 粒状结构；(b) 斑状结构；(c) 交织熔蚀结构

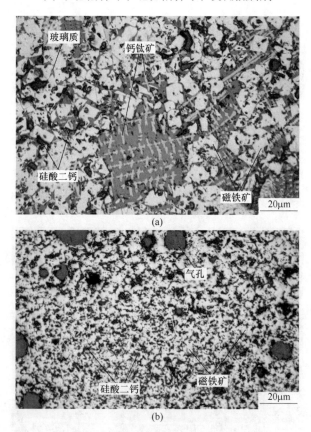

(a)

(b)

图 3-26 还原 60min 时的烧结矿矿相结构

(a) 树枝状钙钛矿；(b) 粒状结构

纹发育。赤铁矿分布不均匀,主要分布于气孔周围,内部多被熔蚀形成骸晶结构,结晶粒度一般为 0.01~0.15mm。钙钛矿为主要胶结相,多呈不定形、他形晶充填于磁铁矿晶粒间,部分呈树枝状集中分布。铁酸钙多呈柱状。硅酸二钙主要呈他形粒状,部分柳叶状。钛赤铁矿、钛磁铁矿多被钙钛矿、硅酸二钙和少量铁酸钙、玻璃质胶结形成粒状结构,局部被柱状铁酸钙、硅酸二钙、钙钛矿胶结形成熔蚀结构。

图 3-25 所示为低温还原粉化进行到 30min 时取出试验样品的矿相显微结构。其显微结构矿相结构不均,局部呈不完全反应状态,主要以粒状结构存在,局部为粒状—斑状结构。气孔分布不均且大小不一,主要以小气孔状态存在,气孔率为 7%~10%,气孔之间相互连通,裂纹呈裂隙状发育。赤铁矿分布不均匀,主要呈自形—半自形晶分布于矿块边缘,其间与磁铁矿共同被玻璃质胶结形成斑状结构,部分分布于磁铁矿周围形成包边结构,少量呈骸晶状形成骸晶结构,局部呈条形、细小粒状分布于磁铁矿中。结晶粒度不等,一般为 0.01~0.15mm。通过矿相图可以看出裂纹集中产生于钙钛矿区域,并且在气孔周围有大量微裂纹的产生。

图 3-26 所示为在 500℃低温还原粉化结束时样品的矿相结构。由图可知,烧结矿矿相组织结构不均匀,局部微观反应不完全,主要呈粒状结构,局部斑状结构。气孔率不规则分布,多以小气孔存在且形态规则,气孔率为 8%~10%。裂纹裂隙发展。磁铁矿结晶粒度不等,粒度大小 0.01~0.13mm。大者可达 0.3mm。他形磁铁矿多被硅酸二钙胶结,主要呈他形粒状、柳叶状和麦粒状。部分自形、半自形磁铁矿被硅酸二钙、玻璃质和钙镁橄榄石胶结形成斑状—粒状结构,局部见未反应完全的磁铁矿。

对比烧结矿低温还原粉化过程中矿相显微结构分析并结合表 3-20 可知,低温还原粉化结束后,与原矿对比,可以看出赤铁矿基本上不存在,随着粉化反应的进行,赤铁矿逐步反应,最后全部反应生成磁铁矿,因此可以得出钒钛烧结矿发生低温还原粉化的直接原因同普通烧结矿相同,都是赤铁矿还原为磁铁矿,发生体积膨胀,产生内应力,从而在还原初始时产生裂纹;并且在钒钛烧结矿气孔周围存在骸晶状赤铁矿,从而有利于赤铁矿与还原气体接触,有利于粉化反应进行;钙钛矿弥漫分布在烧结矿中,在裂纹产生处起到加剧催化作用。

因此,结合钒钛烧结矿粉化过程中的矿相图,提出钒钛烧结矿低温还原粉化机理。

钒钛烧结矿发生低温还原粉化的直接原因同样也是赤铁矿还原为磁铁矿,但是钒钛烧结矿较普通烧结矿粉化严重得多,主要由以下两方面造成,因此可以将钒钛烧结矿的低温还原粉化过程分为两步:

第一步:初始裂纹的大量形成。在低温还原粉化试验开始时,向钒钛烧结矿料层通入还原气体时，那些首先可接触到还原气体的局部赤铁矿颗粒（在钒钛烧结矿中，次生赤铁矿数量多，并且骸晶状赤铁矿多存在于气孔周围）在还原气氛下，优先开始进行还原反应，因此在还原粉化的初始阶段，钒钛烧结矿就比普通烧结矿还原粉化接触面积大，造成次生赤铁矿大面积发生体积膨胀，从而造成产生初始裂纹范围广，产生的大量微小裂纹向烧结矿黏结相中扩展。

第二步：裂纹的扩展，钙钛矿的催化作用。由于钒钛烧结矿与普通烧结矿相比，黏结相的数量上最大可以减少将近 20 个百分点，特别是黏结相强度最好的铁酸钙含量也少 10 个百分点左右，因而就造成钒钛黏结相的强度比普通烧结矿低，并且在加热过程中钙钛矿膨胀不均匀，造成钙钛矿周围的黏结相力集中，在外力作用下，极易产生裂纹。当裂纹扩展到钙钛矿周围的黏结相时，因为其强度差，产生大量裂纹，同时由于钙钛矿脆易碎，当裂纹扩散到黏结相和玻璃质中钙钛矿处时，从而使裂纹加剧产生，起到加剧催化的作用，使裂纹产生的范围更广，面积更大，因而可以起到连锁反应的效果。

3.4　低温还原粉化抑制剂研究

目前，国内外钢铁企提高烧结矿 $RDI_{+3.15}$ 指标都普遍使用添加 $CaCl_2$ 这一方法，一般可提高近 20% ~ 30%[22~24]。特别是对于钒钛烧结矿，可以提高 50%[25,26]。但是此法加重了氯元素对环境的污染和对高炉冶炼的危害[27,28]。

（1）高炉煤气中的氯使管道内壁和 TRT 风机叶片受到腐蚀，热风炉耐火材料发生软化变形、收缩甚至倒塌等现象。

（2）在高炉内氯元素能够与炉料、液态渣铁或煤气中的物质发生一系列的化学反应，焦炭反应后强度降低、矿石软化温度降低、高炉炉墙耐火材料熔点降低。

（3）在高炉冶炼条件下，氯及其化合物能够反应生成备受关注的污染物之一的二噁英（主要指 PCDDS 和 PCDFS），其随高炉煤气排出形成严重的污染。

3.4.1　CaCl_2 抑制低温还原粉化机理

喷洒的 $CaCl_2$ 结晶成晶体吸附在烧结矿表面，形成一层薄膜[29]。由于烧结矿为一种多孔状结构，其表面气孔很多，成为还原气体进入烧结矿内部还原其中 Fe_2O_3 的通道，黏附在烧结矿表面的 $CaCl_2$ 薄膜一方面阻碍了还原气体与烧结矿表面的接触，从而抑制了烧结矿表面的还原；另一方面 $CaCl_2$ 薄膜堵塞了还原气体进入烧结矿的通道，阻碍了烧结矿内部的继续还原，减缓了烧结矿的还原速度，从而降低了还原粉化率。但是"薄膜"论没有理论基础，在实践中能溶于水形成结晶的矿物有很多，但都代替不了 $CaCl_2$ 抑制烧结矿还原粉化的作用。

CaCl$_2$ 溶于水后，离解出的 Cl$^-$ 通过化学吸附在烧结矿的表面，Cl$^-$ 通过与赤铁矿中的 Fe—O 键产生电子效应，增强离子间的键键结合作用，从而强化赤铁矿在还原粉化过程中抵抗应力能力[30]；而且 Cl$^-$ 可以增强玻璃相的断裂韧性，从而起到减弱裂纹在玻璃相中的扩展和延伸的作用，进而提高烧结矿的低温还原粉化指数。

但几乎所有吸附的结果只能是削弱基底的键强，而不可能是加强。同时，这一理论将 CaCl$_2$ 抑制粉化的作用全部归因于"Cl"元素上，对后来的研究造成了很大的误导。根据本试验室的结论，只有 CaCl$_2$ 及 MgCl$_2$ 能够抑制低温粉化，而 KCl 及 NaCl 等氯化物几乎起不到任何作用。

在烧结矿表面喷洒 CaCl$_2$ 后，其主要作用是在低温还原粉化温度下，CO 无法将 Fe$_2$O$_3$ 还原成 Fe$_3$O$_4$。虽然这一观点已被普遍接受，但仍需要进行试验验证。

3.4.1.1 CaCl$_2$ 阻碍 CO 还原 Fe$_2$O$_3$ 机理

CaCl$_2$ 必须先溶解后再喷洒至烧结矿表面才能够起到抑制粉化的作用。而直接使用 CaCl$_2$ 粉末起不到任何作用。也就是说，CaCl$_2$ 溶于水后 Ca—Cl 化学键将断裂，形成自由的 Ca^{2+} 及 Cl$^-$ 离子。因此，只要是能够提供 Ca^{2+} 及 Cl$^-$ 的物质都能够起到与 CaCl$_2$ 相同的作用。例如，CaO 及 HCl 的混合物。CaCl$_2$ 是以 Ca^{2+} 及 Cl$^-$ 的形式吸附于 Fe$_2$O$_3$ 表面的，而不是直接以 CaCl$_2$ 分子的形式。其最稳定的吸附方式为：Ca^{2+} 吸附于 Fe$_2$O$_3$ 的 O 原子上，而 Cl$^-$ 吸附于 Fe$_2$O$_3$ 的 Fe 原子上。Ca^{2+} 比 CO 提前占据了 Fe$_2$O$_3$ 表面的 O 活性位，CO 无法与 O 直接接触，自然无法将 Fe$_2$O$_3$ 还原。但单个 Ca^{2+} 在 Fe$_2$O$_3$ 的吸附是非常不稳定的，Cl$^-$ 的作用就是促进 Ca^{2+} 在 Fe$_2$O$_3$ 表面的稳定吸附。因此，真正起作用的是 Ca^{2+} 和 Cl$^-$ 而不是单独依靠 Cl$^-$。

3.4.1.2 CaCl$_2$ 抑制粉化的吸附理论

（1）Fe$_2$O$_3$ 中的 Fe、O 原子比是 2:3，而 CaCl$_2$ 中的 Cl、Ca 原子比是 2:1。因此，CaCl$_2$ 中一半以上的 Cl 都是多余的，因此就为开发低氯粉化抑制剂存在提供了理论上的可能。关键问题是如何增加 Ca^{2+} 的同时减少 Cl$^-$。

（2）NaCl、KCl、HCl 等氯化物中的 +1 价阳离子与 Fe$_2$O$_3$ 表面的 -2 价 O 原子形成的化学键 Na—O、K—O、H—O 非常不稳定，因此不能抑制烧结矿低温还原粉化。

因此 CaCl$_2$ 溶液起作用的并不单纯的是 Cl$^-$，而是 Ca^{2+} 与 Cl$^-$ 同时起作用，Ca^{2+} 吸附在 O^{2-} 上，Cl$^-$ 起固定晶格键作用，从而阻止赤铁矿的还原，起到抑制低温还原粉化的作用。并对所提出理论进行试验验证。

3.4.2 低氯粉化抑制剂试验

选取钒钛烧结矿作为试样，喷洒不同的溶液，分别验证单独添加 Ca^{2+} 与 Cl$^-$

及 Ca^{2+} 与 Cl^- 同时加入对钒钛烧结矿低温还原粉化的影响。

添加的试剂分别为含钙添加剂 1、含氯添加剂 1、含氯添加剂 2、含氯添加剂 3、混合添加剂配方 1。低温还原粉化试验结果见表 3-21。

表 3-21   低温还原粉化数据

添加剂	加入量	$RDI_{+6.3}$/%	$RDI_{+3.15}$/%	$RDI_{-0.5}$/%
无	0	10.86	26.73	22.63
含钙添加剂 1	4/万	13.04	32.92	19.32
含氯添加剂 1	4/万	18.34	33.41	5.94
含氯添加剂 2	4/万	62.71	77.35	8.79
含氯添加剂 3	4/万	21.62	45.32	15.41
$CaCl_2$	4/万	92.19	96.34	0.62
混合添加剂配方 1	4/万	92.42	95.31	0.67

从表 3-21 可以看出，喷洒含钙添加剂 1 溶液，对于提高烧结矿低温还原粉化性能影响不大，因此单独的 Ca^{2+} 对提高低温还原粉化性能并没有影响；喷洒含氯添加剂 1、2、3，都可以适当的提高低温还原粉化性能，但效果都没有喷洒 $CaCl_2$ 溶液显著，可以说明 Cl^- 对提高低温还原粉化起到了一定的作用，但效果都没有喷洒 $CaCl_2$ 效果好；当喷洒混合添加剂配方 1 溶液时，效果极其显著，并不比单独喷洒 $CaCl_2$ 溶液效果差，因此就为实现低氯粉化抑制剂提供数据基础。

对混合添加剂配方 1 进行改善，改变 Ca^{2+}、Cl^- 的比例，从而降低溶液氯离子浓度，分别对混合添加剂配方 1、混合添加剂配方 2、混合添加剂配方 3、混合添加剂配方 4 进行试验验证对比。试验结果见表 3-22。

表 3-22   混合添加剂低温还原粉化对比试验结果

添加剂	溶液氯离子浓度	加入量	粉化指标/%		
			$RDI_{+6.3}$	$RDI_{+3.15}$	$RDI_{-0.5}$
无	0	0	10.86	26.73	22.63
$CaCl_2$	0.63%	2/万	47.76	67.72	12.61
$CaCl_2$	1.25%	4/万	92.19	96.34	0.62
混合添加剂配方 1	0.63%	4/万	92.42	95.31	0.67
混合添加剂配方 2	0.60%	4/万	87.66	93.17	2.51
混合添加剂配方 3	0.56%	4/万	90.37	92.66	5.94
混合添加剂配方 4	0.51%	4/万	70.31	81.12	3.83

由表 3-22 可以看出，$CaCl_2$ 的浓度对烧结矿的低温还原粉化性能影响明显，在加入量为 2/万时，低温还原粉化率提高 39%，具有一定的效果，但效果并不显著，在增加为 4/万时，效果提高显著，因此喷洒混合添加剂配方时，加入量都维持在 4/万。

通过改变混合添加剂中 Ca^{2+}、Cl^- 的比例，降低 Cl^- 的浓度，由表 3-22 可以得出，混合添加剂配方 1、2、3 效果显著，同时也可以降低添加剂中 Cl^- 含量 55% 左右，同时烧结矿的低温还原粉化指标与单独添加 4/万 $CaCl_2$ 相比，相差并不大，因此就为实现低氯添加剂实现提供了试验基础。混合添加剂配方 4 因为 Cl^- 含量低，效果并不明显，因此 Cl^- 含量维持在 0.56% 左右时，效果显著。

因此通过适当的调整 Ca^{2+}、Cl^- 的比例，从而降低添加剂中 Cl^- 的含量，进而减少对高炉和气体回收装置的严重腐蚀，同时减少对环境的污染，另外还可降低生产成本。

3.5 氯化钙抑制低温粉化机理

3.5.1 氯化钙对冶炼的作用与危害

目前烧结矿 $RDI_{+3.15}$ 较低，普遍采用烧结矿表面喷洒氯化钙技术可使 $RDI_{+3.15}$ 指标提高近 20 个百分点。但长期喷洒氯化钙也给高炉冶炼带来了严重的负面影响。例如：由于氯的作用，使焦炭反应后强度降低、矿石软化温度降低、高炉炉墙耐火材料熔点降低、煤气管道、热风炉耐火材料受到腐蚀破坏。表 3-23 是某厂 2008 年煤气管道沉积物化验结果，图 3-27 所示为使用布袋除尘器的高炉的热风炉格子砖内 Na、Cl、K 元素的分布。由表 3-23 可知，沉积物中氯含量非常高，是高炉煤气管道、TRT 被腐蚀的主要原因；由图 3-27 可知，Cl 分布较有规律，即格孔砖表面含量高于内部，Cl 最高可达 2.2% 左右。Cl 是强氧化物质，在高温下能与高铝耐火材料中的铝反应，使荷重软化温度 $T_{0.6}$ 下降，蠕变率增加，导致了热风炉耐火材料渣化、收缩、塌陷等问题。

表 3-23　煤气管道沉积物化学成分　　　　（质量分数/%）

试样	$w(TFe)$	$w(CaO)$	$w(SiO_2)$	$w(Al_2O_3)$	$w(MgO)$	$w(TiO_2)$	$w(Zn)$	$w(K_2O)$	$w(Na_2O)$	$w(S)$	$w(Cl)$
1 号	28.22	3.45	5.01	1.03	0.76	0.42	1.65	0.78	0.69	1.45	21.03
2 号	36.26	2.53	4.82	1.22	0.62	0.40	1.48	0.77	0.65	1.73	15.40

根据高炉氯平衡计算，喷洒氯化钙的烧结矿带入的氯量占总量的 64.16%。因此必须研究氯化钙的抑制粉化机理，以降低入炉烧结矿氯含量减少氯对高炉冶炼的危害。

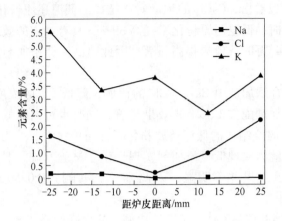

图 3-27　热风炉格子砖内 Na、Cl、K 元素的分布

3.5.2　氯化钙抑制粉化热力学分析

3.5.2.1　热力学平衡计算初始条件

热力学模拟是基于热力学平衡条件进行的，假定在某一界面上各项反应都达到平衡，由此就可以了解各温度区间铁和钛的存在状态。本书采用 HSC-chemistry5.0 软件模拟还原粉化过程中铁元素、钛元素存在状态的变化情况。钒钛磁铁烧结矿成分采用实验室试验数据，$CaCl_2$ 加入量为烧结矿质量的万分之四，模拟以 500g 烧结矿为基准，具体数据见表 3-24。

表 3-24　平衡计算初始条件　　　　　　　（kg）

成　分	Fe_2O_3	CaO	SiO_2	V_2O_5	Al_2O_3
质　量	0.313	0.037	0.031	0.003	0.022
成　分	TiO_2	MgO	$CaCl_2$	$CaO \cdot TiO_2$	FeO
质　量	0.009	0.016	0.002	0.010	0.056

压力控制为一个大气压，还原气氛初始条件采用低温还原粉化试验条件，具体数据见表 3-25。

表 3-25　平衡计算气氛条件　　　　　　　（%）

CO	CO_2	N_2
20	20	60

3.5.2.2　计算结果及分析

试验中加入氯化钙后，烧结的低温还原粉化过程在不同温度达到平衡状态时，钛、铁元素存在状态如图 3-28、图 3-29 所示。

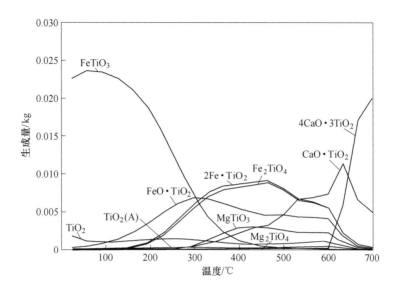

图 3-28　加氯化钙后烧结矿还原过程中钛元素的存在状态变化

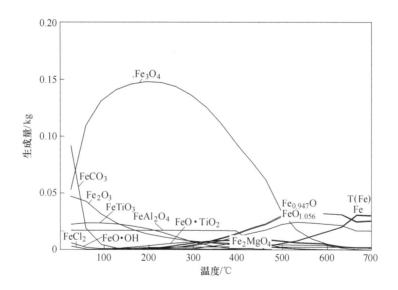

图 3-29　加氯化钙后烧结矿还原过程中铁元素的存在状态变化

由图 3-28 可知，加入氯化钙后，各温度下低温还原粉化平衡时，与未加氯化钙的烧结矿低温还原粉化平衡时 Ti 元素的存在状态没有变化。Ti 元素没有与氯元素生成新的物质。

由图 3-29 可知，加入氯化钙后，各温度下低温还原粉化平衡时，与未加氯化钙的烧结矿低温还原粉化平衡时 Fe 元素的存在状态没有变化，没有产生

Fe 的氯化物。热力学研究说明氯化钙没有影响 Fe_2O_3 还原产生 Fe_3O_4 的反应过程。

为了深入研究氯化钙对烧结矿低温还原粉化的抑制作用，分别做了 300℃、500℃、800℃ 的 Fe-Cl-O 优势区图，如图 3-30 所示。

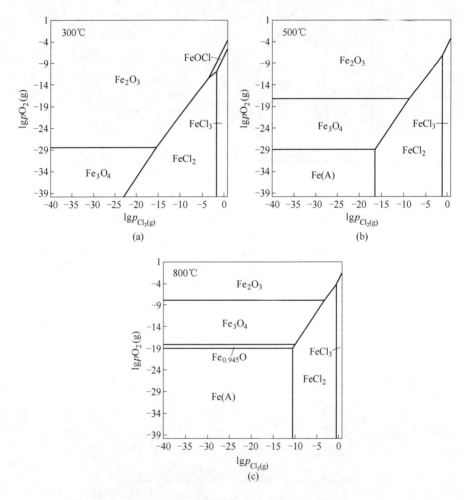

图 3-30　Fe-Cl-O 在不同温度下的优势区图

(a) 300℃优势区图；(b) 500℃优势区图；(c) 800℃优势区图

由图 3-30 可知，平衡系统中以铁的氧化物为主要成分。300℃ 时 p_{Cl} 为 10^{-20}Pa、温度为 800℃ 时 p_{Cl} 为 10^{-11}Pa，因此，随着温度升高，不利于铁的氯化物的生成。同时，随着系统的氧化气氛的增强，有利于铁氯化物的生成。烧结矿还原过程中，气氛为还原气氛，而且，氯化钙不能分解出氯气。所以，在粉化过程中，$CaCl_2$ 对烧结矿低温还原粉化的抑制作用不是由于生成了铁的氯化物。

3.5.3 CaCl$_2$系对Fe$_2$O$_3$的吸附特性模拟

CASTEP根据系统中原子的类型和数目，可预测出包括晶格常数、几何密度、弹性常数、能带、态密度、电荷密度、波函数以及光学性质在内的各种性质。CASTEP使用的平面波赝势技术已经通过可靠的验证。CASTEP中总能量包含动能、静电能和交换关联能三部分，各部分能量都可以表示成密度的函数。电子与电子相互作用的交换和相关效应采用局域密度近似（LDA）和广义密度近似（GGA），静电势只考虑作用在系统价电子的有效势（即赝势：Ultrasoft或norm-conserving），电子波函数用平面波基组扩展（基组数由Ecut-off确定），电子状态方程采用数值求解（积分点数由FFT mesh确定），电子气的密度由分子轨道波函数构造，分子轨道波函数采用原子轨道的线性组合（LCAO）构成。计算总能量采用SCF迭代。

密度泛函理论（DFT）预测分子的几何特征和振动频率与真实值相比误差在1%或2%左右，但对结合能的预测误差非常差，采用LDA，通常误差30%。对结合能预测失误的主要原因是由于确定电子与电子相互作用影响的近似十分粗糙，该假设认为在空间任何一点的相互作用能仅取决于该点的电子密度而丝毫不考虑密度的变化。引入密度梯度的概念，密度泛函理论（DFT）对结合能的预测与对分子几何特征以及振动频率的预测同样精确。

因此，使用CASTEP的物理和化学吸附功能研究CaCl$_2$抑制烧结矿粉化机理。

3.5.3.1 吸附模型建立

本书涉及的计算采用基于密度泛函理论[31]的CASTEP软件包完成。电子与电子间相互作用中的交换相关效应通过广义梯度近似（GGA）中的PBE泛函[32]来处理，电子波函数通过一平面波基矢组扩展。为尽量减少平面波基矢个数，本文采用了超软赝势[33]来描述离子实与价电子之间的相互作用势，组成元素的价电子组态分别为Ca 3s^{2}3p^{6}4s^2，O 2s^{2}2p^4，Fe 3d^{6}4s^2，Cl 3s^{2}p^5。运用快速傅里叶变换，实现物理量在实空间和倒空间快速转换。在倒易的k空间中，通过平面波截断能改变计算精度。系统总能量和电荷密度在布里渊区的积分计算采用Monkhorst-Pack方案[34]选择k空间网格点。结构优化的收敛指标为：自洽场计算精度为2.0×10^{-6}eV/atom，原子间的相互作用力小于3×10^{-3}eV/nm，最大内应力小于0.05GPa，总能变化小于1.0×10^{-5}eV/atom，原子的最大位移小于1×10^{-4}nm。

首先对Fe$_2$O$_3$块体结构进行了优化。其晶体结构如图3-31(a)所示。计算取截止能量300eV，k点网格为5×5×5。将获得的Fe$_2$O$_3$体结构的晶胞参数作为构建Fe$_2$O$_3$(001)表面结构的输入参数，模型选用周期性七层基底的slab构型，如图3-31(b)所示。为了防止平板的上下表面由于周期性边界条件带来的人为相互

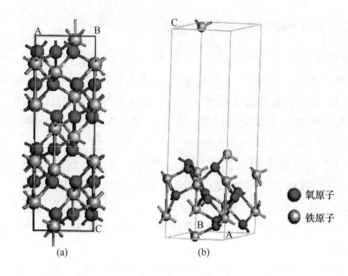

图 3-31 计算模型

(a) 块体 Fe_2O_3 晶体结构；(b) 清洁 $p(1\times1)Fe_2O_3(001)$ 表面

作用，在表面上方加装 1nm 的真空层。将模型的底四层原子固定住以代表体相结构，表层原子允许自由弛豫。分别采用 $p(1\times1)$、$p(2\times1)$ 超元胞作为初始表面，模拟 Ca、Cl 原子在覆盖率 0.25、0.125ML 时的吸附情况，如图 3-32 所示。对应的 k 点网格分别取 $6\times6\times1$、$4\times6\times1$、$4\times4\times1$、$3\times2\times1$、$2\times2\times1$。平面波截止能量均取 300eV。通过增加 k 点网格及截止能量进行收敛性测试，同时还分别构建了真空层厚度 10^{-18}nm。计算发现本文选用的参数及模型足以保证计算的精确度。对于 Ca、Cl 在 Fe_2O_3 表面的吸附，自旋极化对计算中吸附能及几何优化结果会造成影响，因此计算过程考虑自旋极化。

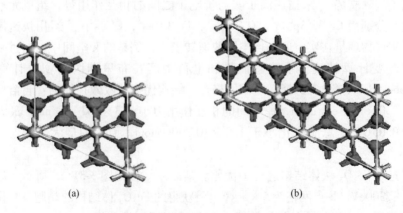

图 3-32 不同 $Fe_2O_3(001)$ 表面超原胞示意图

(a) $p(1\times1)$；(b) $p(2\times1)$

吸附能 E_{bind} 按下式计算：

$$E_{bind} = E_{A+S} - (E_S + E_{free,A}) \quad (3\text{-}12)$$

式中，E_{A+S} 为吸附后体系的总能；E_S 为清洁 $Fe_2O_3(001)$ 表面模型的总能；$E_{free,A}$ 为单个吸附原子在边长为 1nm 的立方晶格里计算得到的总能。吸附原子间的相互作用能 $E_{int,A}$ 为：

$$E_{int,A} = E_{supercell,A} - E_{free,A} \quad (3\text{-}13)$$

式中，$E_{supercell,A}$ 表示单个吸附原子在不同超元胞中计算得到的总能。

吸附位有四种，分布情况如图 3-33 所示。

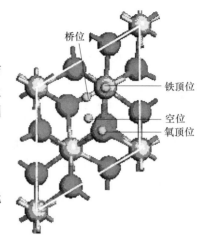

图 3-33 $Fe_2O_3(001)$ 表面的四种吸附位

3.5.3.2 Fe_2O_3 块体及清洁 $Fe_2O_3(001)$ 表面

Fe_2O_3 的试验参数为 $a = b = 0.504nm$，$c = 1.375nm$[35]。计算结果为：$a = b = 0.508nm$，$c = 1.38nm$。基本与试验值相符，误差为 0.8%。$Fe—O$ 键长为 $0.2047nm$、$0.2065nm$。与标准实验值（$0.1960nm$、$0.2087nm$）接近。优化后的 $Fe_2O_3(001)$ 表面仅发生弛豫而没有重构。

3.5.3.3 Ca 原子在 $Fe_2O_3(001)$ 的吸附特性

计算了覆盖率 $0.25ML$ 下 Ca 原子在 $Fe_2O_3(001)$ 表面的吸附特性。吸附原子最初被放在 $Fe_2O_3(001)$ 表面的三个不同的高对称性吸附位，分别是：O 顶位、Fe 顶位、空位，如图 3-34 所示[36]。

系统吸附能及吸附半径见表 3-26。

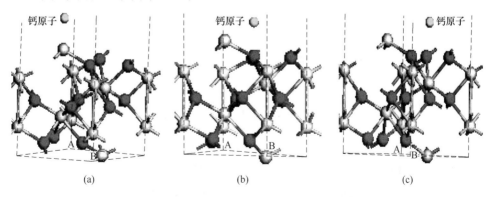

图 3-34 CaO 在 $Fe_2O_3(001)$ 表面的吸附特性

（浅色球代表铁原子，深色球代表氧原子）

（a）Fe 顶位；（b）O 顶位；（c）空位

表 3-26   CaO 在 Fe₂O₃(001)表面的吸附特性

编 号	E_{AB}/eV	E_A/eV	E_B/eV	E_{bind}/eV	$R_{Ca\text{-}O}$/nm	$R_{Ca\text{-}Fe}$/nm
A	-10116.86	-9115.69	-999.88	-1.29	3.382	2.642
B	-10122.17	-9115.69	-999.88	-6.60	2.263	3.411
C	-10120.35	-9115.69	-999.88	-4.78	2.155	3.125

吸附能愈大,吸附原子与基底之间作用愈强。由表 3-26 可知,Ca 在 O 顶位的作用最强。Ca 在 Fe 顶位的作用最差,不能稳定存在。但是 Ca 与 O、Fe 均没有形成化学键,属于物理吸附。吸附后基底 Fe、O 的 TDOS 如图 3-35 和图 3-36所示。

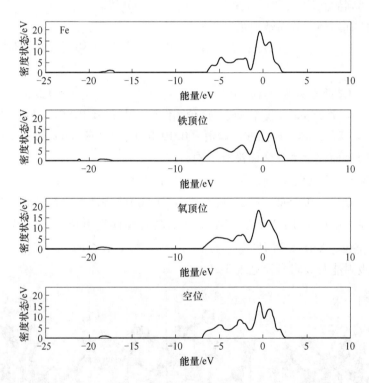

图 3-35   吸附后基底 Fe 的 TDOS

由图 3-35 和图 3-36 可以看出,Ca 在 Fe 顶位、O 顶位及空位上吸附后,基底的 O、Fe 的电子分布没有大的变化,说明吸附后的 Fe、O 原子在原来 Fe₂O₃ 的结构基础上没有吸收或放出电子,没有改变 Fe₂O₃ 的晶体结构。

3.5.3.4   Ca、Cl 在 Fe₂O₃(001)的吸附特性

Ca、Cl 在 Fe₂O₃ (001) 表面的吸附位及吸附方向如图 3-37 所示。计算了覆

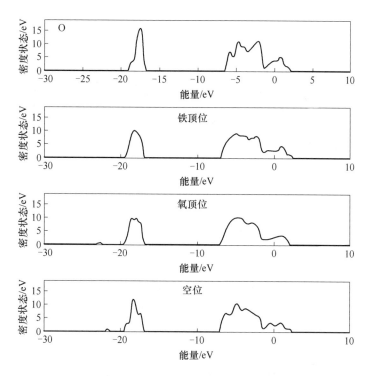

图 3-36 吸附后基底 O 的 TDOS

盖率 0.25ML 情况下，吸附原子最初被放在 Fe_2O_3（001）表面的三个不同的高对
称性吸附位，分别是：O 顶位、Fe 顶位、空位。

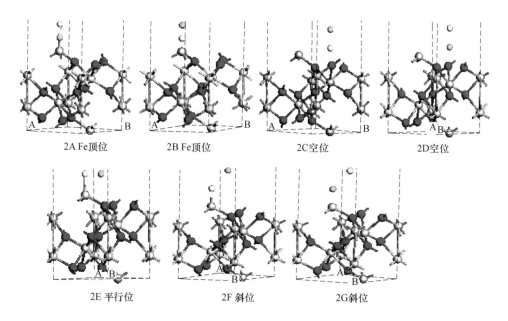

2A Fe顶位   2B Fe顶位   2C空位   2D空位

2E 平行位   2F 斜位   2G斜位

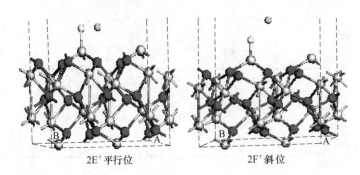

2E′平行位　　　　　　　　2F′斜位

图 3-37　Ca、Cl 在 Fe$_2$O$_3$(001)表面的吸附构型:

A-G 为 $p(1 \times 1)$ 表面; 2E′和 2F′的 $p(2 \times 1)$ 表面

(大球浅色球代表铁原子, 深色球代表氧原子; 小球深色代表钙原子, 浅色代表氯原子)

系统吸附能及吸附半径见表 3-27。由表 3-27 可知, 与 Ca 原子在 Fe$_2$O$_3$(001)的吸附在吸附相比, CaCl 在 Fe$_2$O$_3$(001)的吸附能增大很多, 吸附原子与基底之间作用增强, 吸附位距基底表面原子的距离相当。2A 模型的吸附能最大(−12.68eV), 吸附位稳定, 使得 Cl—Ca, Ca—Fe 形成化学键。吸附后基底 Fe、O 的 TDOS 如图 3-38 和图 3-39 所示。

表 3-27　CaCl 在 Fe$_2$O$_3$(001)表面的吸附特性

编　号	E_{bind}/eV	$R_{Ca—O}$/nm	$R_{Ca—Fe}$/nm	$R_{Cl—O}$/nm	$R_{Cl—Fe}$/nm
2A	−12.68	5.006	4.561	3.534	3.590
2B	−9.38	5.484	4.683	3.258	2.249
2C	−10.48	2.319	3.252	3.310	4.743
2D	−8.58	2.473	3.314	4.721	5.018
2E	−9.88	2.284	3.274	3.226	2.366
2F	−7.98	2.283	3.075	3.044	2.253
2G	−8.14	4.698	3.391	3.435	3.213

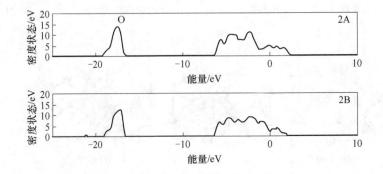

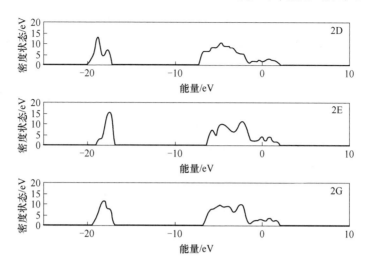

图 3-38 吸附后基底 O 的 TDOS

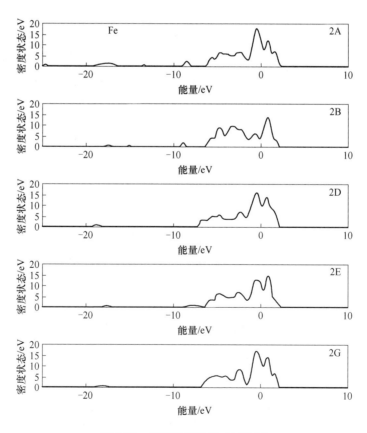

图 3-39 吸附后基底 Fe 的 TDOS

由图 3-38 可知，吸附后，基地 O 原子峰值面积增大，说明有电子释放，主要是外层轨道上的电子释放；同时，由图 3-39 可知，基底 Fe 原子总体电荷数增加，吸收了电子，但是外层电子数目没有增加。Fe 原子的电子构型为：$1s^2 2s^2 p^6 3s^2 p^6 d^6 4s^2$，如图 3-40 所示。根据洪特规则，可以知道，3d 轨道上的电子位不满。故基底吸收电子应该是到了 3d 轨道上，接近或达到满状态。使其结构趋于稳定。不易于相变及结构转

图 3-40　Fe 原子电子结构图

变。从而，减缓了粉化速度、缓冲了膨胀力量。改善了低温还原粉化指标。

3.5.3.5　$CaCl_2$ 在 $Fe_2O_3(001)$ 的吸附特性

$CaCl_2$ 在 $Fe_2O_3(001)$ 的吸附位置及方向如图 3-41 所示。

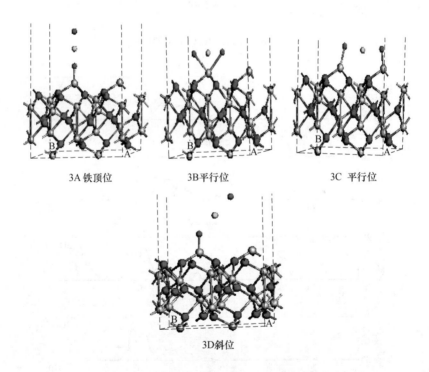

3A 铁顶位　　　　　　3B平行位　　　　　　3C 平行位

3D斜位

图 3-41　氯化钙在 Fe_2O_3（001）表面的吸附构型

（大球浅色球代表铁原子，深色球代表氧原子；小球深色代表钙原子，浅色代表氯原子）

$CaCl_2$ 在 $Fe_2O_3(001)$ 的吸附特性见表 3-28。

由表 3-28 可知，与 CaCl 在 Fe_2O_3（001）的吸附特性相比，$CaCl_2$ 在 Fe_2O_3（001）的吸附特性没有明显变化。因此，低氯添加剂的研制以使基底吸收电子接近或达到满状态，使其结构趋于稳定为基础。

表3-28 CaCl₂ 在 Fe₂O₃(001) 表面的吸附特性

编　号	E_{bind}/eV	R_{Ca-O}/nm	R_{Ca-Fe}/nm	R_{Cl-O}/nm	R_{Cl-Fe}/nm
3A	−10.82	6.001	4.723	3.477	2.369
3B	−13.07	5.282	4.483	3.343	2.351
3C	−10.99	6.447	6.458	6.727	6.785
3D	−12.16	2.195	3.026	4.508	4.944

3.5.4　低氯抑制剂的试验

3.5.4.1　低氯抑制剂试验效果

根据上述理论研究结果，研制了低氯抑制低温还原粉化剂。试验效果见表3-29。

表3-29　低氯粉化抑制剂的实验结果

编　号	w_{Cl}/%	$RDI_{+6.3}$/%	$RDI_{+3.15}$/%	$RDI_{-0.5}$/%
T-0	—	24.26	35.11	32.84
T-1	63.96	87.60	93.40	2.01
T-2	44.77	86.23	93.08	2.24
T-3	34.54	85.56	92.73	3.18
T-4	28.14	84.78	92.71	3.55
T-5	23.67	84.14	92.63	4.01
T-6	20.47	85.11	92.53	4.11
T-7	17.91	76.64	87.70	5.50
T-8	15.99	74.09	86.27	6.32

注：T-1 喷加的是氯化钙。

表3-29 中，T-0 为未加添加剂的原矿，其余添加剂加入量为 0.04%，折算到试验绝对量为 2g。T-1 ~ T-8 添加剂 Cl 离子逐渐减少。由表3-29 可知，钒钛磁铁烧结矿原矿 $RDI_{+3.15}$ 仅为 35.11%，T-1 喷洒 CaCl₂ 后，$RDI_{+3.15}$ 指数提高到93.40%，效果十分明显，但烧结矿喷洒 CaCl₂ 带入高炉的氯量为 0.28847kg/t，占入炉总氯量的 51%，可见喷洒 CaCl₂ 溶液对高炉生产具有极大的影响。

图 3-42 是添加剂中 Cl 元素与

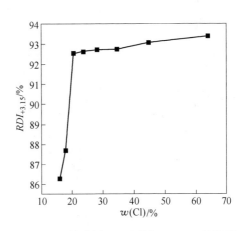

图 3-42　添加剂中 Cl 元素与 $RDI_{+3.15}$ 的关系

$RDI_{+3.15}$ 的关系。由图 3-42 可知，氯含量（质量分数）在大于 20.47% 时，随着氯含量的降低，$RDI_{+3.15}$ 变化不明显，全部大于 92%；氯含量（质量分数）为 20.47% 时，$RDI_{+3.15}$ 与 Cl 的关系曲线出现转折点；氯含量（质量分数）在小于 20.47% 时，随着氯含量的降低，$RDI_{+3.15}$ 急剧下降。因此新型添加剂氯含量（质量分数）选择 20.47%，可以达到与使用 $CaCl_2$ 同样的效果，而且 Cl 含量仅为使用 $CaCl_2$ 的 50% 左右，大大降低了 Cl 对高炉冶炼的影响。

3.5.4.2 烧结矿矿物组成及结构研究

按国家标准对烧结矿原矿、添加 $CaCl_2$、低氯的烧结矿进行低温还原粉化试验，取试验结束后的烧结矿残样进行微观结构分析，矿物组成见表 3-30，矿相结构如图 3-43 ~ 图 3-46 所示。

表 3-30　还原后烧结矿的矿物组成　　　　　　　　　　（%）

编　号	金属相			黏 结 相				
	磁铁矿	赤铁矿	钙钛矿	铁酸钙	硅酸二钙	钙镁橄榄石	玻璃质	硫化物
D-0	25 ~ 30	20 ~ 25	20 ~ 23	10 ~ 15	12 ~ 15	6 ~ 8	少量	—
D-1	60 ~ 65	少量	少量	1 ~ 2	15 ~ 20	7 ~ 10	5 ~ 7	少量
D-2	30 ~ 35	20 ~ 23	20 ~ 23	8 ~ 13	10 ~ 15	5 ~ 7	5 ~ 7	—
D-3	25 ~ 35	20 ~ 25	18 ~ 20	10 ~ 15	12 ~ 15	5 ~ 7	2 ~ 3	—

注：D-0—原烧结矿；D-1—原烧结矿还原后；D-2—添加 $CaCl_2$ 还原后；D-3—添加低氯添加剂还原后。

由表 3-30 可知，还原试验结束后，未加添加剂的烧结矿中赤铁矿基本被还原为磁铁矿，磁铁矿由 25% ~ 30% 增加到 60% ~ 65%，发生了体积膨胀，导致

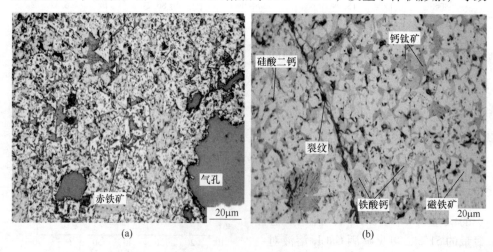

(a)　　　　　　　　　　　　　　　　　(b)

图 3-43　原矿的矿相结构
(a) 骸晶状的赤铁矿；(b) 粒状结构

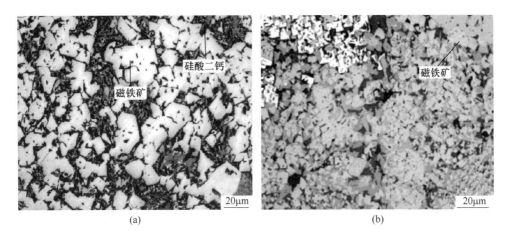

图 3-44　反应后原烧结矿的矿相结构

（a）骸晶状的赤铁矿；（b）粒状结构

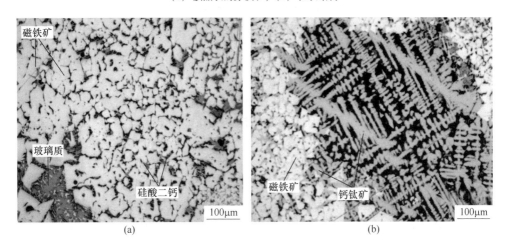

图 3-45　添加 $CaCl_2$ 的烧结矿矿相结构

（a）斑状—粒状结构；（b）集中分布的树枝状钙钛矿

了钒钛磁铁烧结矿粉化。铁酸钙由 12% ~ 15% 下降到 1% ~ 2% ，优质黏结相减少。钙钛矿不起黏结作用，且与其他黏结相膨胀系数不同，赤铁矿还原时首先在钙钛矿周围出现大量裂纹，导致钒钛磁铁烧结矿强度降低，钙钛矿大量脱落，进一步促进了低温还原粉化。

　　添加 $CaCl_2$ 和低氯的烧结矿还原后矿物组成相同，而且还原后矿物组成与未还原的原矿矿物组成基本相同，说明添加剂抑制了赤铁矿的还原。

　　图 3-43 所示为原矿的矿相结构，图 3-44 所示为原矿还原后残样的矿相结构。

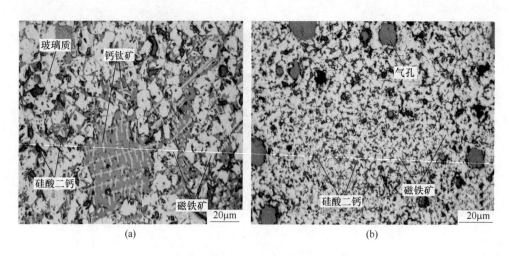

图 3-46　添加低氯添加剂的烧结矿矿相结构

（a）集中分布的树枝状钙钛矿；（b）斑状—粒状结构

由图 3-43 可知，钒钛磁铁烧结矿微观结构既有交织熔蚀结构，又有粒状结构。气孔率为 30% ~35%，气孔率比普通烧结矿高 15 个百分点。钙钛矿含量较高，仍以粒状结构为主，有裂纹存在。

由图 3-44 可知，未加添加剂的烧结矿还原后的残样矿物组成复杂，矿相结构不均匀，主要为粒状结构，局部熔蚀结构。气孔大小不一，分布不均匀，形态较规则，气孔率为 30% ~35%。裂隙裂纹发育，有连通整个矿块的裂隙。残留样中存在大量磁铁矿，仅有少量赤铁矿，磁铁矿多呈半自形、自形晶，少量他形晶，结晶粒度不等，一般为 9.86 ~98.6μm，自形晶磁铁矿粒度较粗大，最大达 246.5μm。硅酸二钙多呈他形晶，部分柳叶状或麦粒状。铁酸钙多呈条状或他形晶胶结，细小的他形磁铁矿呈熔蚀结构。玻璃质分布不均匀，局部集中分布。

图 3-45 所示为添加 $CaCl_2$ 烧结矿还原后矿相结构，图 3-46 所示为添加低氯添加剂烧结矿还原后矿相结构。由图 3-45 和图 3-46 可知，两个矿相结构相差较小，而且与未经还原试验的原矿矿相结构基本相同。说明加入含氯添加剂后抑制了赤铁矿的还原，低温还原粉化程度减轻。

3.5.4.3　烧结矿冶金性能分析

低氯抑制剂对钒钛磁铁烧结矿低温还原粉化有很好的抑制作用。为全面研究加入低氯抑制剂后对高炉冶炼的影响，分析了添加低氯抑制剂后钒钛磁铁烧结矿的其他冶金性能。

A　还原性

钒钛磁铁烧结矿还原性与抑制剂种类的关系如图 3-47 所示。图中 D-4、图中 D-5 和图中 D-6 分别表示未加添加剂、添加 $CaCl_2$、添加低氯的烧结矿。

由图 3-47 可知，未加添加剂的烧结矿还原性为 78.23%，添加 $CaCl_2$ 的烧结矿为 75.33%，添加低氯的烧结矿为 74.70%，说明添加 $CaCl_2$ 或低氯抑制剂会使烧结矿的还原度降低，但降低幅度较小。

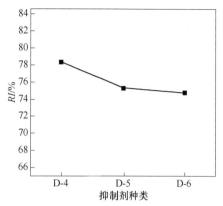

图 3-47　烧结矿还原性与抑制剂种类的关系
D-4—烧结矿原矿；D-5—加 $CaCl_2$ 烧结矿；
D-6—加低氯烧结矿

B　软化性能

表 3-31 为添加不同抑制剂烧结矿的荷重软化性能。表中 T_{10}、T_{40} 分别为钒钛磁铁烧结矿收缩 10% 和 40% 时的温度，ΔT 为软化区间温度。

表 3-31　烧结矿荷重软化性能　　　　　　　　（℃）

方　案	T_{10}	T_{40}	ΔT
D-4	1258	1360	102
D-5	1264	1372	108
D-6	1257	1356	99

由表 3-31 可知，添加含氯抑制剂后对烧结矿的荷重软化性能影响不大，开始软化温度 T_{10} 在 1257 ~ 1264℃ 间，相差 7℃；ΔT 在 99 ~ 108℃ 间，相差 9℃。

C　熔融滴落性能

表 3-32 为添加不同抑制剂烧结矿熔融滴落性能，T_s 为开始熔化温度，T_d 为滴落温度，ΔT_2 为熔化温度区间；ΔP 为陡升压差。由表 3-32 可知，添加 $CaCl_2$ 抑制剂的 D-5 与未加抑制剂的 D-4 烧结矿熔滴性能相差不大；添加新型低氯抑制剂 D-6 软熔带厚度较宽，熔融滴落性能稍差。

表 3-32　烧结矿熔融滴落性能

方　案	T_s/℃	T_d/℃	ΔT_2/℃	ΔP/kPa	熔融带厚度/mm
D-4	1302	1420	118	2.15	18.80
D-5	1308	1452	144	2.16	18.70
D-6	1307	1472	165	1.32	24.00

3.6　结论

（1）在碱度为 1.8～2.2 时，配碳量固定在 4.0%～5.0% 时，普通烧结矿与钒钛烧结矿转鼓指数相差近 15%，普通烧结矿的冷强度性能高；普通烧结矿与钒钛烧结矿还原性差距并不明显；低温还原粉化性能差距显著，普通烧结矿 $RDI_{+3.15}$ 在 73% 左右，而钒钛烧结矿 $RDI_{+3.15}$ 只有 20%～30%，相差近 3 倍。

（2）通过对 TiO_2-CaO-Fe_2O_3 三元系相图分析，可以得出钙钛矿是通过固相反应生成，钙钛矿生成之后一直以固态状态存在于烧结矿中。

（3）通过热力学计算可知，在钒钛烧结矿烧结过程中，CaO 会优先与 TiO_2 反应生成 $CaO \cdot TiO_2$，同时 TiO_2、SiO_2 还会与生成的 $CaO \cdot Fe_2O_3$ 反应生成 $CaO \cdot TiO_2$ 与 $CaO \cdot SiO_2$，剩余的 CaO 才会于 Fe_2O_3 反应生成 $CaO \cdot Fe_2O_3$，这就导致生成的 $CaO \cdot Fe_2O_3$ 数量少，并且由于钒钛烧结矿中 SiO_2 含量低，生成的硅酸钙系列的黏结相数量少。钙钛矿并不属于黏结相，就造成在黏结相数量少，并且黏结相性能最好的铁酸钙数量也相对少，从而造成钒钛烧结矿黏结相强度差，导致其烧结矿强度差。

（4）通过以上对钒钛烧结矿低温还原粉化过程进行详细的论述，可以总结得出，造成钒钛烧结矿比普通烧结矿低温还原粉化严重的原因主要集中在三方面：

1）黏结相数量少，使黏结相数量仅为普通烧结矿的 50%，且硅酸盐黏结相少，特别是铁酸钙数量少，造成钒钛烧结矿黏结相强度差，断裂韧性低，容易产生裂纹并利于裂纹的扩展。

2）气孔率高和气孔周围的骸晶状赤铁矿，大量气孔的存在从而有利于骸晶状赤铁矿的还原，而且骸晶状烧结矿在发生还原后的产生的晶型转变和体积膨胀从而导致烧结矿在还原粉化初始产生大量裂纹。

3）钙钛矿的作用，钙钛矿在烧结过程中通过固相反应生成，并以固态形式存在于黏结相中。在加温还原过程中，膨胀不均匀造成钙钛矿周围的黏结相力集中，易产生裂纹，并且在粉化过程中当裂纹扩展到钙钛矿处，钙钛矿脆易碎，起到催化加剧裂纹产生的作用。

（5）单独的添加 Cl^-、Ca^{2+} 都不能显著地改善烧结矿地低温还原粉化性能。而是同时加入 Cl^-、Ca^{2+} 时，对改善烧结矿的低温还原粉化性能起到明显的效果。

（6）通过改变添加剂中 Cl^-、Ca^{2+} 的比例，减少 Cl^- 的含量，低温还原粉化性能指标改变不大，因此可以确定添加剂中 Cl^-、Ca^{2+} 摩尔比并不是只有在 2：1 的关系时，效果显著，适当的增加 Ca^{2+} 含量，减少 Cl^- 含量也可以起到相同的效果，新的混合添加剂配方可减少 Cl^- 含量 55% 左右，因此就为实现低氯添加剂提供了试验基础。

（7）氯化钙抑制剂在烧结矿还原过程中没有形成新的氯化物，$CaCl_2$ 在 Fe_2O_3 表面吸附能较大，对底层 Fe、O 电子结构的影响较大，Fe 离子吸收了电子，O 离子释放了电子，均回归接近基态，同时 Fe—O 键长变短，键能增加，结构紧密，使 Fe_2O_3 稳定，从而减缓了粉化速度、缓冲了膨胀力量，降低了膨胀率，改善了低温还原粉化指标。Ca 在 Fe_2O_3 表面吸附能偏小，对底层 Fe、O 电子结构的影响偏小，$CaCl_2$ 在 Fe_2O_3 表面吸附能与 CaCl 在 Fe_2O_3 表面吸附能相差无几，对底层 Fe_2O_3 结构的影响没有增加。CaCl 可以起到与 $CaCl_2$ 相同的抑制粉化作用。

参 考 文 献

[1] L H V Vlack, Geomet of Microstructure, proc. Symp. On Microstructure of ceramics Materials, 1964.

[2] 北京钢铁学院，首都钢铁公司联合烧结试验组. 迁安铁矿磁选精矿粉的烧结矿粉化原因分析和防止措施[J]. 金属学报，1975，(1)：32～36.

[3] 隆飞亮. 降低烧结矿低温还原粉化率的研究[J]. 湖南冶金，1999(2)：11～17.

[4] 王树同. 加剧烧结矿低温还原粉化原因的研究[J]. 烧结球团，1997，22(2)：1～4.

[5] 周取定，孔令坛. 铁矿石造块理论及工艺[M]. 北京：冶金工业出版社，1989.

[6] 任佩珊，闫丽娟. 矿物组成及显微结构对烧结矿质量的影响[J]. 宝钢技术，1997，2：39～42.

[7] Wu Shengli, Eiki Kasai and Yasuo Omori. Effect of the Constitution of Granules on Coaleseing Phenomenon and Strenth after Sintering[C]. Proceedings of the 6th International Iron and Steel Congress. Nagoya, ISIJ, 1990.

[8] Iyama nakaxima S, Akizuki Y. Optimizing sinter Operation with high pellet feed fine ore ratio process[J]. Technology Washington, 1986(4)：91-95.

[9] 李春增. 含钛铁矿粉的烧结配矿试验研究[D]. 北京：北京科技大学硕士论文，2006：50～60.

[10] 甘勤. 攀钢钒铁烧结矿落地贮存试验及生产实践[J]. 烧结球团，1997，22(1)：32～36.

[11] 甘勤，何庆莉，邓君. 钒钛烧结矿适宜 FeO 含量的研究[J]. 云南冶金，2000，29(6)：19～23.

[12] 任允芙，杨李香. 有关攀钢烧结矿中钙钛矿的研究[J]. 烧结球团，1987(1)：35～38.

[13] 任允芙，杨李香. 攀钢烧结矿的固结机理及钛在烧结过程中的行为[J]. 钢铁，1986，2(9)：11～17.

[14] 王文山. 承德钒钛磁铁矿烧结优化研究[D]. 沈阳：东北大学，2011.

[15] 单继国. 烧结矿低温还原粉化的研究[J]. 烧结球团，1989，14(2)：15～18.

[16] 谭立新. 宝钢烧结矿 RDI 的影响因素及改进措施[J]. 烧结球团，1991，16(4)：5～8.

[17] 孙艳芹，杨松陶，吕庆，等. 承钢钒钛磁铁矿烧结配矿正交优化研究[J]. 钢铁，2011，03：9～12.

[18] 棍川修二. 高品质烧结矿制造[J]. 铁钢, 1983, 69(2): 9~12.

[19] 金明芳, 李光森, 魏国, 等. 矿石特性对 CaO-Fe$_2$O$_3$ 系初熔体渗透性影响[J]. 中国冶金, 2007, 17(7): 51~54.

[20] 王筱留. 钢铁冶金学（炼铁部分）[M]. 北京: 冶金工业出版社, 2008: 2, 39~43.

[21] PHASE DIAGRAMS FOR CERAMISTS VOLUME Ⅳ (Figures5000-5590) [M], THE AMERICAN CERAMIC SOCIMTY. 1981: 68-69.

[22] 胡涛, 秦延华, 张红丽, 等. 烧结矿喷洒 CaCl$_2$ 溶液试验研究及工业应用[J]. 河南冶金, 2004(2): 13~16.

[23] 肖峰, 熊兰香. 高炉炉料喷洒 CaCl$_2$ 的机理作用浅析[J]. 四川冶金, 2006, (4): 8~9.

[24] 郑皓, 梁世标. 高炉生产使用喷洒 CaCl$_2$ 溶液的烧结矿的试验研究[J]. 南方钢铁, 1999 (5): 21~24.

[25] 单继国, 任志国, 刘淑桂. 改善攀钢钒钛烧结矿低温还原粉化性研究[J]. 烧结球团, 1995(1): 1~6.

[26] 单继国, 任志国, 刘淑桂. 关于承钢高碱度钒钛烧结矿低温还原粉化性的探讨[J]. 钢铁钒钛, 1992(4): 25~29.

[27] 刘小杰, 张淑会, 吕庆, 等. 氯化钙对高炉综合炉料高温同化过程的影响[J]. 钢铁研究学报, 2015, 27(10): 6~10.

[28] 毛晓明, 朱彤, 李加福. 使用低氯添加剂改善烧结矿 RDI[J]. 炼铁技术通讯, 2004, (10): 2~5.

[29] 刘小杰, 张淑会, 孙艳芹, 等. 氯化钙对高炉内含铁炉料低温还原过程的影响[J]. 钢铁钒钛, 2014, 35(3): 74~77.

[30] 杨华明, 邱冠周, 唐爱东. CaCl$_2$ 对烧结矿 RDI 的影响[J]. 中南工业大学学报, 1998 (3): 28~31.

[31] Chuiko N M. Determination of oxides activities for metallurgical slags [J]. Metall Fuels, 1959, 1: 29-36.

[32] Perdew J P, Burke K, Ernzerhof M. Generalized gradient approximation made simple [J]. Physical Review Letter, 1996, 77(18): 3865-3868.

[33] Vanderbilt D. Soft self-consistent pseudopotentials in a generalized eigenvalue formalism [J]. Physical Review B, 1990, 41(11): 7892-7895.

[34] Monkhorst H, Pack J D. Special points for brillouin-zone integrations [J]. Physical Review B, 1976, 13(12): 5188-5192.

[35] Wang X G, Weiss W, Shaikhutdinov S K. The Hematite (α-Fe$_2$O$_3$) (0001) surface: evidence for domains of distinct chemistry [J]. Physical Review Letter, 1998, 81(10): 1038-1041.

[36] Sun Yanqin, Lv Qing, Wan Xinyu. Computational insights into interactions between Ca species and α-Fe$_2$O$_3$(001), Journal of iron and steel research, 2014(4): 413-418.

4 酸碱料厚料层混合烧结

4.1 研究方法

4.1.1 试验装置

（1）微型烧结试验设备：

可见第 2 章 2.3.1 节。

（2）烧结杯试验设备：

可见第 2 章 2.4.1 节。

4.1.2 试验方法及数据处理

4.1.2.1 铁矿粉烧结基础特性检测

A 同化性检测

将试验所用的铁矿粉（包括单种铁矿粉和按一定比例混合后的铁矿粉）在 110℃ 的烘箱内干燥 3h 后，磨制成小于 100 目的粉状，用电子天平称重后采用干粉压制法（压力为 15MPa、时间为 2min）压制成质量为 0.8g，直径为 8mm 的试样小饼。试样小饼的压制采用化学纯试剂 CaO 干粉压制法（压力为 15MPa、时间为 2min），直径为 20mm，质量为 2.0g。

将矿粉小饼置于 CaO 小饼的上方中心部位，一起放入微型烧结装置中，根据试验设定的升温曲线和气氛进行烧结。以铁矿粉与 CaO 小饼接触面上生成略大于铁矿粉小饼一圈的反应物为其同化特征，测定不同铁矿粉达到这一同化特征的温度，即最低同化温度。

试验温度和气氛控制见表 4-1。

表 4-1 同化温度试验的温度和气氛控制

温 度	室温 ~600℃	600 ~1000℃	1000 ~1050℃	1050℃ ~试验温度
时 间	4min	1min	1.5min	1min
气 氛	空气（流量为 3L/min 或 0.18m³/h）			
温 度	试验温度（恒温）	试验温度 ~1050℃	1050 ~1000℃	1000℃ ~室温
时 间	4min	2min	1.5min	断电自然降温
气 氛	空气（流量为 3L/min 或 0.18m³/h）			

B　液相流动性检测

a　试验方法

将小于 100 目的 CaO 纯试剂和铁矿粉按一定的二元碱度配成烧结黏附粉，混匀后采用干粉压制法（压力为 15MPa、时间为 2min）压制成试样小饼，在试验要求的温度和气氛条件下进行烧结，待试样冷却到 100℃ 以后，取出并测定小饼烧结前后的面积，按下式计算铁矿粉的流动性指数：

$$流动性指数 = \frac{流动面积 - 小饼原始面积}{小饼原始面积}$$

试验温度和气氛控制见表 4-2。

表 4-2　液相流动性试验的温度和气氛控制

温　度	室温 ~ 600℃	600 ~ 1000℃	1000 ~ 1050℃	1050℃ ~ 试验温度
时　间	4min	1min	1.5min	1min
气　氛	空气	N_2（流量为 3L/min 或 0.18m³/h）		
温　度	试验温度（恒温）	试验温度 ~ 1050℃	1050 ~ 1000℃	1000℃ ~ 室温
时　间	4min	2min	1.5min	断电自然降温
气　氛	N_2	空气（流量为 3L/min 或 0.18m³/h）		

b　数据处理

（1）当试样温度降到 200℃ 以下，将试样取出，以矿粉小饼流动的最边缘为基准，量取直径 d，d 的取值至少取 5 次，之后将 5 个数取平均数，得直径 d_1。

（2）为确保试验的准确性，应进行重复性试验，得平均直径 d_2，当 $\left| \dfrac{d_2 - d_1}{\max(d_1, d_2)} \right| \leqslant 0.1$ 时认为试验准确，试验结果取两次测得的流动性指数的平均数。

（3）铁矿粉的液相流动性能的评价采用计算液相流动性指数的方法。

设试样原始直径为 d_0，两次试验试样流动后的平均直径为 d_1 和 d_2，则有：

$$FI_1 = \left(\frac{d_1}{d_0} \right)^2 - 1$$

$$FI_2 = \left(\frac{d_2}{d_0} \right)^2 - 1$$

试样的流动性指数为 $(FI_1 + FI_2)/2$。

（4）当 $\left| \dfrac{d_2 - d_1}{\max(d_1, d_2)} \right| \geqslant 0.1$ 时，进行第三次试验，得平均直径 d_3。

当 $\left| \dfrac{d_3 - d_2}{\max(d_2, d_3)} \right| \leqslant 0.1$ 时，取 d_2 和 d_3 算取 FI_2 和 FI_3，则 FI_2 和 FI_3 二者平均数即为试样流动性指数。

当 $\left| \dfrac{d_3 - d_1}{\max(d_1, d_3)} \right| \leqslant 0.1$ 时，取 d_1 和 d_3 算取 FI_1 和 FI_3，则 FI_1 和 FI_3 二者平均数即为试样流动性指数。

C 黏结相强度检测

a 试验方法

黏结相强度是指黏结相对周围核矿石的固结能力，以单个烧结后的试样小饼压溃时所承受的最小压力，即黏结相自身强度表示。

烧结黏附粉由 <100 目的 CaO 纯试剂和铁矿粉按一定的二元碱度配成，混匀后采用干粉压制法（压力为 15MPa、时间为 2min）制成试样小饼进行烧结，待试样冷却到 100℃ 以后，用抗压强度测定仪测定烧成小饼的抗压强度。

试验温度和气氛控制见表 4-3。

表 4-3 黏结相强度试验的温度和气氛控制

温 度	室温~600℃	600~1000℃	1000~1050℃	1050℃~试验温度
时 间	4min	1min	1.5min	1min
气 氛	空气	N_2（流量为 3L/min 或 0.18m³/h）		
温 度	试验温度（恒温）	试验温度~1050℃	1050~1000℃	1000℃~室温
时 间	4min	2min	1.5min	断电自然降温
气 氛	N_2	空气（流量为 3L/min 或 0.18m³/h）		

b 数据处理

（1）将烧结完的试样放入抗压强度装置中，测定其抗压强度值。对于同一碱度下的一种矿粉，至少做三个试样的强度值，取平均值作为该矿粉的黏结相强度。

（2）将试验测得的 3 个抗压强度值按由小到大排列，排列顺序为：

$$F_{\min} < F_{mid} < F_{\max}$$

当 $(F_{mid} - F_{\min})/F_{mid} \leqslant 0.15$ 且 $(F_{\max} - F_{mid})/F_{\max} \leqslant 0.15$ 时，取 3 个数的平均值作为试样的抗压强度值。

当 $(F_{mid} - F_{\min})/F_{mid} \leqslant 0.1$ 且 $(F_{\max} - F_{mid})/F_{\max} > 0.15$ 时，取 $F_{\min}$ 和 F_{mid} 两个数的平均值作为试样的抗压强度值。

当 $(F_{mid} - F_{\min})/F_{mid} > 0.15$ 且 $(F_{\max} - F_{mid})/F_{\max} \leqslant 0.1$ 时，取 F_{mid} 和 $F_{\max}$ 两个数的平均值作为试样的抗压强度值。

当 $(F_{mid} - F_{\min})/F_{mid} > 0.15$ 且 $(F_{\max} - F_{mid})/F_{\max} > 0.15$ 时，认为试验失败，

进行重复试验。

（3）将重复试验所得数据按上述方法处理，最终得到试样的准确抗压强度值。

4.1.2.2 烧结质量检测

垂直烧结速度和烧损率见 2.4.1.3 节。

烧结矿的成品率和利用系数见 2.4.1.4 节。

烧结矿的机械强度见 2.4.1.5 节。

还原粉化性能检验见 2.4.1.6 节。

中温还原性能检测见 2.4.1.7 节。

烧结矿荷重软化性能检测：烧结矿的软化性是指烧结矿软化温度和软化温度区间两个方面。软化温度是指烧结矿在一定的荷重下加热开始变形的温度，软化温度区间是指烧结矿从开始软化到软化终了的温度范围。一般矿石的软化温度愈高，软化区间愈窄；反之，软化温度愈低，软化区间愈宽。矿石的软化温度和软化区间对高炉冶炼有很大影响。当矿石的软化温度高时，软化区间窄，在炉内就不会过早形成初渣，且成渣带位置低，半熔体区域也小，这有助于改善高炉料柱的透气性。反之，初成渣带生成过早，位置高，初渣中 FeO 高，使炉内的透气性变坏，严重影响冶炼过程的正常进行。因此，烧结矿的软化性能对高炉的顺行与取得优异的生产指标起着重大影响。

荷重软化试验装置示意图如图 4-1 所示。在升温过程中，当料柱高度收缩 10% 时的温度为软化开始温度（$T_{10\%}$），收缩 40% 时的温度为软化终了温度（$T_{40\%}$），$\Delta T = T_{40\%} - T_{10\%}$ 为软化温度区间。试样粒度为 2.5～3.2mm，荷重为 1kg/cm²，料柱高度为 40mm。

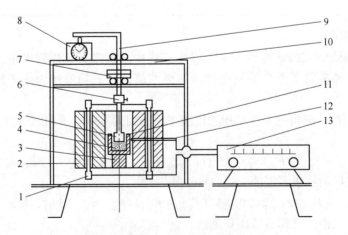

图 4-1 荷重软化试验装置示意图

1—硅碳棒；2—电炉；3—坩埚底座；4—试样；5—硅碳棒压杆；6—紧固螺丝；7—配重；8—百分表；9—钢棒压杆；10—支架；11—石墨坩埚；12—热电偶；13—温控仪

4.2 钒钛铁矿粉烧结基础性能

4.2.1 钒钛铁矿粉基础性能分析

酸碱超厚料层烧结试验研究所用铁矿粉的化学成分见表4-4。

表4-4 烧结原料化学成分 （质量分数/%）

矿 种	$w(TFe)$	$w(CaO)$	$w(SiO_2)$	$w(TiO_2)$	$w(V_2O_5)$	$w(MgO)$	$w(Al_2O_3)$
含钒精粉	63.11	1.20	3.60	3.05	0.44	1.10	1.21
黑山钒粉	59.76	0.80	2.10	8.02	0.74	1.28	2.84
普通精粉	66.17	0.80	5.19	0.59	0.07	0.46	0.78

含钒精矿粉的含铁品位最高，TiO_2 和 Al_2O_3 含量比较高，而 SiO_2 含量则相对较低；黑山铁精粉含铁品位较高，TiO_2、Al_2O_3、V_2O_5 含量最高，SiO_2 含量则最低；普通精矿粉的含铁品位和 SiO_2 含量最高，TiO_2、Al_2O_3 和 V_2O_5 含量最低，是典型的磁铁矿。

4.2.1.1 钒钛铁矿粉的同化性

试验所用铁矿粉同化温度如图4-2所示。

同化性是指铁矿石在烧结过程中与 CaO 的反应能力，它体现的是铁矿石在烧结过程中生成液相的能力。在铁矿粉烧结过程中，CaO 和 Fe_2O_3 的固相反应是烧结矿黏结相的开始形成的标志，随着反应的进行，最终产物的矿物组成以铁酸钙为主。黏附层中的同化反应所形成的初相的性质决定着形成黏结相的结构，对烧结过程起着重要的作用[1]。因此，铁矿粉的同化性作为烧结矿有效固结的基础，是考察铁

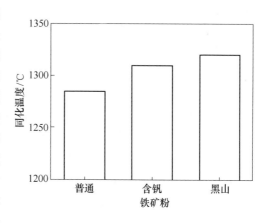

图4-2 铁精粉同化温度

矿粉烧结基础性能的重要指标。一般来说，在烧结过程中，同化性能越高的铁矿石，则生成液相越容易，但是，对于非均质烧结矿来说，考虑到烧结矿液相固结和烧结过程中料层的透气性，并不希望过分熔化作为核矿石的颗粒较粗的铁矿石，从而避免起固结骨架作用的核矿石减少，同时烧结料层透气性的恶化会影响烧结矿的产质量。已有研究结果表明，铁矿粉的最低同化温度在 1275~1315℃ 较为适宜[2]。

由图 4-2 可知，三种矿粉中，同化温度由低到高顺序为：普通精粉＜含钒精粉＜黑山精粉。相比较而言，同化性能承德普通精粉最好，同化温度为 1285℃。同化温度含钒精粉的略高，达到 1310℃，同化性较差；黑山精粉的同化温度达到 1320℃，同化性能最差。虽然普通精粉同化温度相比最低，但仍属中等水平。黑山精粉与含钒精粉属于中钛型钒钛磁铁矿，气孔率小，晶粒粗大、光滑，与 CaO 的反应能力均弱等是这两种铁矿粉同化性较差的主要原因，且在三种铁矿石中黑山精粉的 SiO_2 的含量最低，其次为含钒精粉，造成同化性较差。

4.2.1.2 钒钛铁矿粉的液相流动性

试验用铁精粉液相流动性指数如图 4-3 所示。

烧结过程中液相的发展是烧结矿固结的主要原因，因此，烧结产生液相量对烧结矿强度的影响十分显著，若生成的液相量适度、黏度适宜，就能产生强度高、还原性好的烧结矿。液相流动性指在烧结过程中铁矿石与 CaO 反应生成液相的流动能力，表征的是黏结相的"有效黏结范围"。烧结矿主要是通过液相对周围物料浸润、黏附、同化，进而相互黏结完成固结的，从研究结果可以看出[3,4]：烧结矿的结构强度由两部分决定。首先结构

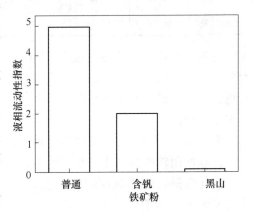

图 4-3　铁矿粉液相流动性指数

强度取决于残留原矿和黏结相的本身强度，其次还取决于铁矿石颗粒与黏结相之间接触面强度。因次，烧结过程中液相的发展是烧结矿固结的主要原因，若生成的液相量适度、黏度适宜，使得两者之间存在足够的接触面积，从而有利于获得足够的强度。因此，合理地控制烧结液相生成是获取高质量烧结矿的基础，研究结果表明，液相流动性指数在 0.7～1.6 较为适量[2]。

从图 4-3 可以看出，普通精粉的流动性最好，能够达到 4.97，比其他两种矿的流动性大很多。含钒精粉的流动性为 1.99，较为接近液相流动性的适宜范围，黑山精粉的流动性最小，只有 0.08，几乎为零。对比图 4-2 可知，铁矿粉同化温度越低、同化性越强，则液相流动性越大，这符合同化温度越低、同化性越强，则流动性越大的特点，这是由于同化温度低的矿粉在相同条件下液相的过热度大，有利于降低液相的黏度，从而增加液相流动性[5]。

铁矿粉的流动性还与其化学成分有关，钒钛铁精粉的 SiO_2 含量较低，形成的液相量少，当 SiO_2 完全反应后，铁矿粉中的 TiO_2 和 CaO 生成高熔点的钙钛矿，不利于液相流动。由于普通精粉 SiO_2 含量较高，矿粉与 CaO 的反应能力强，

易于生成液相,因此其流动性也最好。

4.2.1.3 钒钛铁矿粉的黏结相强度

黏结相强度性能是指铁矿粉在烧结过程中形成的液相在冷却过程中生成的黏结相对其周围的核矿石进行有效固结的能力,对烧结矿的固结强度而言,黏结相强度的影响非常重要。这是因为,对非均质烧结矿来说,在烧结过程中,黏结相的生成主要是由核矿石的固结完成的,由于核矿石有较高的自身强度,不会限制构成烧结矿固结强度,在一定的烧结工艺条件情况下,烧结矿的强度在很大程度上取决于黏结相本身的强度。从生成液相开始到最终黏结相的形成经历了复杂的物理、化学过程,同化性、液相流动性都是影响铁矿石黏结相强度的主要原因[6,7]。

铁矿粉黏结相强度如图4-4所示。

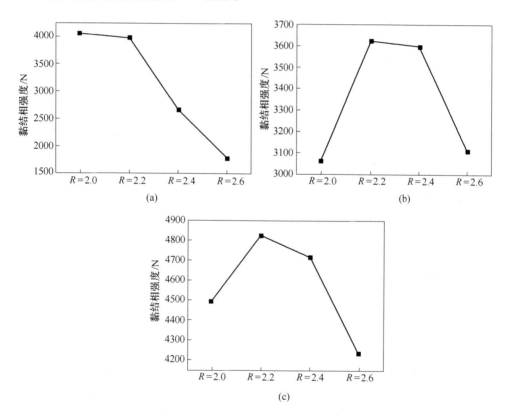

图4-4 铁矿粉不同碱度条件下黏结相强度
(a) 普通精粉;(b) 黑山钒粉;(c) 含钒精粉

由图4-4(a)可知,随着碱度的升高,普通精粉的黏结相强度成降低的趋势,在碱度为2.0时最高,能够达到4049N,碱度为2.2时,强度稍有下降,为

3970N，黏结相强度的变化趋势不显著，但是当碱度继续升高时，黏结相强度发生明显变化，碱度为 2.4 和 2.6 时，强度分别只有 2663N 和 1787N，下降趋势十分显著；由图 4-4(b)可知，黑山精粉的黏结相强度都是随着碱度升高，呈先升高后降低的变化趋势，在碱度为 2.2 时，达到最高，为 3621N，碱度 2.4 时，黏结相强度略有降低，为 3597N，随着碱度继续升高，达到 2.6 时，黏结相强度下降趋势明显，只有 3111N；由图 4-4(c)可知，含钒精粉的变化趋势与黑山精粉十分相似，均是随着碱度的升高呈先升高后降低的变化趋势，但是其变化趋势较为显著，在碱度 2.2 时达到最高，能够达到 4822N。

4.2.2 小结

通过对试验所用三种铁矿粉的烧结基础性能检测，可以得出：

(1) 普通精粉的各项基础性能都比较优秀，可根据钢铁厂现场生产条件，适当提高其配比。

(2) 含钒精粉是典型的中钛型钒钛磁铁矿，同化温度较高，同化性较差；其液相流动性适宜，黏结相强度较高，有利于增加烧结矿液相量，烧结矿强度。

(3) 黑山钒粉的同化温度最高，同化性最差，液相流动性几乎为零，这些都不利于黑山钒粉在烧结过程中的液相反应；其黏结相强度也不是很高，在烧结配料中应酌情使用。

(4) 随着碱度的增加，普通精粉的黏结相强度呈降低趋势；含钒精粉和黑山钒粉是先升高后降低，因此在烧结配矿时，为了提高烧结矿强度，应把碱度控制在适宜的范围。

4.3 酸碱超厚料层混合烧结试验

4.3.1 常规烧结试验

4.3.1.1 研究目的

钒钛磁铁矿属难选、难烧铁矿，铁矿粉同化温度较高，液相流动性差，精矿粉粒度粗，制粒性能差，烧结料层的透气性差，生成液相量少，烧结矿的成品率低，铁酸钙较少，钙钛矿较多，使得钒钛烧结矿与普通烧结矿相比机械强度低，低温还原粉化严重，这就造成返矿量大使烧结成本大幅升高，同时恶化高炉透气性，使高炉不能持续稳定高效的生产。常规烧结试验研究了烧结混合料碱度和固定碳含量的变化，对钒钛烧结矿的质量的影响。

4.3.1.2 烧结原料的化学成分

试验研究所用原料包括含铁原料、熔剂、燃料及黏结剂生石灰等，主要物化性能见表 4-5。

表 4-5　原料化学成分 （质量分数/%）

矿　种	$w(TFe)$	$w(CaO)$	$w(SiO_2)$	$w(TiO_2)$	$w(V_2O_5)$	$w(MgO)$	$w(Al_2O_3)$	$w(FeO)$	$w(固定碳)$
含钒精粉	63.11	1.20	3.60	3.05	0.44	1.10	1.21	—	—
黑山钒粉	59.76	0.80	2.10	8.02	0.74	1.28	2.84	—	—
普通精粉	66.17	0.80	5.19	0.59	0.07	0.46	0.78	—	—
返　矿	55.00	10.92	5.06	1.63	0.26	2.40	1.99	9.00	—
白　灰	—	77.36	4.92	—	—	6.20	—	—	—
球　团	62.06	1.37	3.81	2.71	0.55	0.32	1.64	0.60	—
焦　粉	—	—	—	—	—	—	—	—	85.51

4.3.1.3　铁精矿粉的粒度组成

利用库尔特 LS-230 型激光粒度分析仪对铁精矿粉进行了粒度分析，含铁精矿粉的粒度组成见表 4-6。烧结混合料制粒的粒度要求：磁铁矿要求小于 0.074mm 的含量大于 80%，且粒度上限小于 0.2mm，赤铁矿要求 70% 以上的含量小于 0.074mm，才能保证混合料的制粒效果。采用富矿进行烧结时，应尽可能少的使用小于 1mm 粒级的铁精矿粉。对于作为核颗粒的冷返矿，返矿粒度要求最好控制在 5.0~6.0mm 以下。此外，当返矿粒度相同时，棱角多和具有不规则形状的颗粒比表面光滑的球形颗粒成球性更强，混合制粒的小球强度更高。所用含铁矿粉中，机烧返矿可以作为制粒的核料；三种精粉属于细粉料可以作为混合制粒的黏附细粒。

表 4-6　铁精矿粉的粒度组成

品　　种	<48μm /%	48~75μm /%	75~150μm /%	150~270μm /%	>270μm /%	平均粒度 /μm	比表面积 /cm² · mL⁻¹
黑山精粉	50.50	19.40	20.10	9.50	0.50	66.87	2879
普通精粉	43.10	14.65	17.25	14.70	10.30	101.10	2404
含钒精粉	34.74	26.29	25.08	11.20	2.69	75.11	2796

从表 4-6 中可以看出：含钒精矿粉的粒度组成明显比普通精矿粉细，小于 50μm 的比例高 11 个左右百分点，平均粒度在 75.11μm 左右。三种精粉粒度均较细，黑山精粉、含钒精矿粉的平均粒度只有 66.87μm、75.11μm，普通精粉的粒度较粗为 101.1μm。三种含铁原料黑山精粉、普通精粉和含钒精粉相比含钒精粉中粒度小于 0.074mm 的含量相对较多另外两种料也不是很低基本可以满足混料要求，相比较而言从粒度的角度分析含钒精粉应该是最适合的原

料,所以应相对提高其配比来能量。所用含铁矿粉中,机烧返矿可以作为制粒的核料;三种精粉属于细粉料可以作为混合制粒的黏附细粒。黑山精粉粒度组成如图4-5所示。

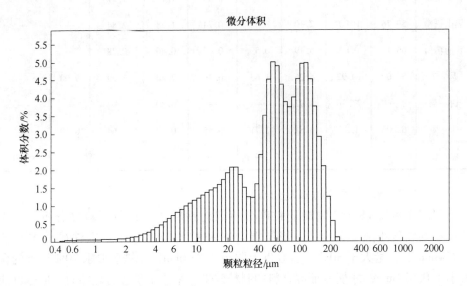

图4-5　黑山精粉粒度组成

普通精矿粉的粒度组成如图4-6所示。

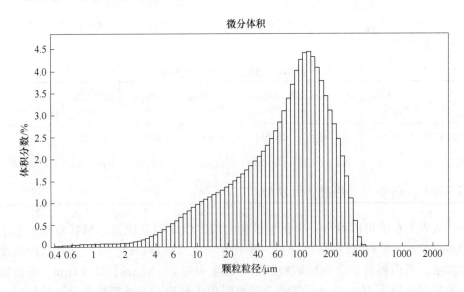

图4-6　普通精矿粉的粒度组成

含钒精矿粉的粒度组成如图4-7所示。

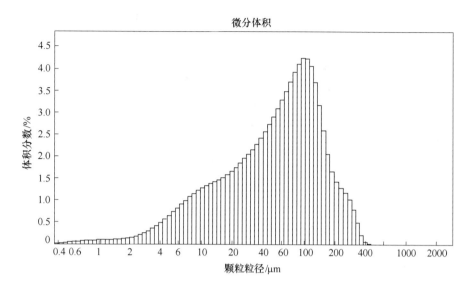

图 4-7　含钒精矿粉的粒度组成

4.3.1.4　工艺流程

常规烧结试验在华北理工大学多功能烧结实验室进行，旨在研究钒钛磁铁矿的烧结特点和采用常规工艺所存在的问题，试验流程如图 4-8 所示。

4.3.1.5　试验条件

常规烧结试验在 $\phi 215\mathrm{mm} \times 600\mathrm{mm}$ 的烧结杯中进行，试验料层高度为 600mm，制粒时间为 10min，点火负压为 7840Pa，烧结抽风负压为 11760Pa 的条件下，考查了碱度以及固定碳含量对烧结矿产质量的影响。

物料配比根据某钢铁厂现场生产条件，见表 4-7。

表 4-7　常规物料配比　　　　　　　　　　（％）

原料种类	含钒精粉	黑山钒粉	普通精粉	返矿	白灰	焦粉
配　比	28	22	20	18	7	5

4.3.1.6　不同碱度条件下烧结过程参数及冶金性能

碱度作为改善烧结矿性能的有效措施之一被广泛使用。但受原料条件和高炉冶炼的限制，钒钛烧结矿碱度一般控制在 2.0 ~ 2.3 之间。为进一步验证钒钛烧结矿与碱度的关系，试验将碱度分为 1.7、2.0、2.3、2.6 四个含量水平进行烧结试验研究，含铁料配比采用表 4-7 配比，配碳量 4.5%。通过烧结杯烧结，测得钒钛烧结矿产质量与碱度的关系，烧结矿质量参数见表 4-8。

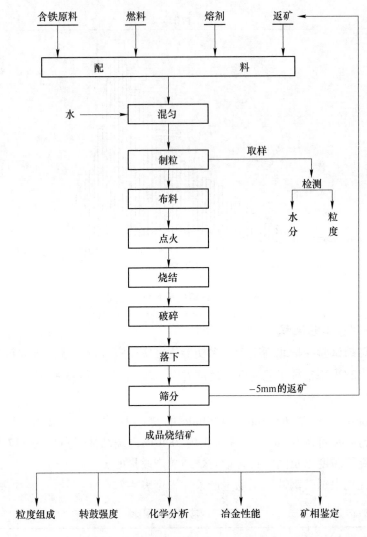

图4-8　常规厚料层烧结工艺试验流程

表4-8　碱度与钒钛烧结矿质量的关系

碱　度	成品率/%	转鼓指数/%	抗磨指数/%	垂直烧结速度/mm·min⁻¹	RI/%	$RDI_{+3.15}$/%
1.7	73.34	56.96	13.07	12.24	74.41	34.92
2.0	72.52	55.90	11.87	12.90	74.50	25.22
2.3	65.63	52.00	8.13	15.90	80.33	25.22
2.6	55.76	54.27	11.73	19.67	83.32	32.71

烧结矿质量随碱度变化趋势如图4-9所示。

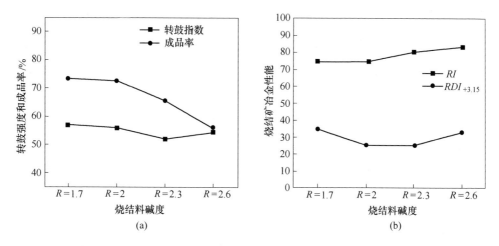

图4-9 碱度试验烧结矿质量

(a) 碱度与转鼓强度的关系；(b) 碱度与烧结矿冶金性能的关系

从表4-8可以看出，随着烧结混合料碱度的提高，垂直烧结速度有所提高，最高能够达到19.67mm/min。提高烧结矿的碱度，意味增加了烧结混合料中熔剂的使用量，料层收缩后会有大量的空隙形成，从而大大改善料层烧结状态的透气性，加快了垂直烧结速度，同时会增大烧结料层的烧损。

从图4-9(a)可以看到，随着碱度升高，烧结矿转鼓强度先降低后升高，在碱度为1.7处为最高值，为56.96%，在钒钛磁铁矿烧结过程中，碱度对烧结过程和烧结黏结相组成有很大影响，由于TiO_2与CaO的结合能力比Fe_3O_4与CaO的结合能力强，因此当碱度较低时，CaO都与TiO_2生成了钙钛矿，随着碱度的升高，钙钛矿逐渐增多，烧结矿强度逐渐恶化。混合料中TiO_2全部生成钙钛矿后，随着碱度的进一步升高，液相中铁酸钙含量增多，烧结矿强度再度提高，但是变化不大。

如图4-9(b)所示，随着烧结混合料碱度的升高，$RDI_{+3.15}$先减低再升高，在碱度为2.0和2.3处最低；碱度升高，烧结矿的还原粉化性能得到一定改善。研究表明，烧结矿的碱度提高后，赤铁矿含量有所增加，还原性得到一定改善，但由于赤铁矿的还原膨胀是发生低温还原粉化的主要原因，同时钙钛矿含量增加，势必会使粉化严重；随着碱度的进一步提高，钙钛矿的含量趋于稳定，铁酸钙的含量会有所增加，从而使粉化得到一定的改善。烧结矿中铁酸钙的含量增加，可以抑制还原过程中产生的体积膨胀。但低温还原后，粒度仍都大部分存于3.15~0.5mm之间，粉化仍然十分严重，碱度在2.0~2.3之间出现低洼区。

烧结矿的 $RDI_{+3.15}$ 是一项重要指标，烧结矿在高炉上部的低温区还原时会严重破裂，粉化，使料柱的孔隙度降低，透气性变差。生产研究[8]表明，$RDI_{+3.15}$ 每提高 5%，高炉产量减低 1.5%。

从表 4-8 中可以看出，碱度 1.7 和 2.6 对钒钛烧结矿 $RDI_{+3.15}$ 有提高作用，但此碱度由于各种原因在现场不能使用。即使提高碱度后也与国内各项指标[9~13]相比较差，高内主要钢铁厂烧结矿质量见表 4-9。

表 4-9　国内主要钢铁厂烧结矿质量

钢铁厂	宝 钢	邯 钢	唐 钢	首 钢	太 钢
$RDI_{+3.15}/\%$	>65	>65	>64	65~75	>65
$TI/\%$	>75	>75	>78	77~82	>75

从表 4-9 中数据可以看出国内主要钢铁企业烧结矿的 $RDI_{+3.15}$ 基本上都在 65% 以上，转鼓指数均在 75% 以上，而钒钛烧结矿在碱度为 1.7 时的 $RDI_{+3.15}$ 为 34.92%，转鼓指数为 56.96%；碱度 2.6 时，$RDI_{+3.15}$ 为 32.71%，转鼓指数 55.76%。与表 4-9 中的钢铁企业烧结矿相比存在较大的差距，说明单纯改变烧结矿碱度并不能大幅度改善钒钛烧结矿的 $RDI_{+3.15}$ 和转鼓指数。

4.3.1.7　不同固定碳含量条件下烧结过程参数及冶金性能

配碳量作为控制和调节烧结矿性能的主要手段被使用，现场一般焦粉配量在 4.5% 左右。试验为了全面了解碳对烧结矿性能的影响，将焦粉配比分为 4.0%、4.5%、5.0%、5.5% 四个水平进行烧结试验研究，其中焦粉的固定碳含量 $w(C)$ 为 85.51%，含铁料及熔剂配比采用表 4-7 配比，碱度为 2.3。

通过烧结杯烧结，测得配碳量与钒钛烧结矿产质量的关系见表 4-10 和如图 4-10 所示。

表 4-10　配碳量与钒钛烧结矿质量的关系

配碳量/%	成品率/%	转鼓指数/%	抗磨指数/%	烧结速度/mm·min^{-1}	$RI/\%$	$RDI_{+3.15}/\%$
4.0	69.84	55.30	8.53	15.00	78.29	26.60
4.5	65.63	56.20	8.13	13.95	76.53	28.08
5.0	60.83	54.80	13.73	14.12	74.90	28.19
5.5	55.67	52.83	9.33	11.21	72.84	37.20

由表 4-10 及图 4-10(a) 可知，随着含碳量的升高，成品率呈降低的趋势，转鼓指数先升高然后再有所下降，在配碳量 $w(C)$ 为 4.5% 时，转鼓最高可达 56.20%。由热力学分析可知，混合料固定碳配比增加，料层发热量会增加，温度升高，这有利于液相的生成，但同时使得烧结过程中氧化性气氛减弱，还

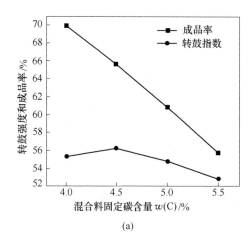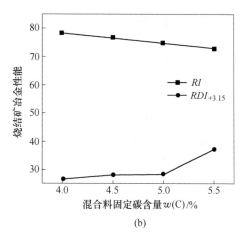

图 4-10 配碳试验烧结矿质量

（a）配碳量与转鼓强度的关系；（b）配碳量与烧结矿冶金性能的关系

原气氛会有所增强，钛赤铁矿含量减少，钛磁铁矿含量增多，使得钙钛矿的生成更加有利。由于脆性的钙钛矿增多，降低了烧结矿的转鼓强度，导致成品率减少。随着配碳增多，垂直烧结速度逐渐变慢，主要由于烧结温度随着含碳量的增加而提高，增加了生成的液相量，同时使得料层过湿现象加剧，进而降低了烧结过程中热状态透气性；另一方面，由于焦粉颗粒比较差的成球性能，使得焦粉配比增加后，二混制粒的效果变差，同样会降低烧结过程中的透气性。

图 4-10(b)可以看出，随着碳含量配比的提高，烧结矿的还原指数下降，还原性变差，主要是由于混合料配碳量增加，料层燃烧过程中的还原气氛加强，减少了钛赤铁矿的含量，增加了钛磁铁矿含量，使得亚铁含量增加，从而对烧结矿还原性产生影响。$RDI_{+3.15}$ 逐渐升高，表明低温还原粉化得到一定程度的改善。一般认为赤铁矿晶形转变时的体积膨胀是粉化的主要原因，随着烧结配碳量的提高，虽然钙钛矿含量增多，但相应的赤铁矿含量有所减少，减少了体积膨胀的应力。从而有利于 $RDI_{+3.15}$ 的提高。

从表 4-10 中数据能够看出，在改变烧结混合料配碳量的情况下，钒钛烧结矿的 $RDI_{+3.15}$ 最高只能达到 37.2%，转鼓指数最高也只有 56.2%，两项指标均远远小于国内主要钢铁企业的烧结矿。

从 4.3.1.5 节和 4.3.1.6 节两个小结试验所得出的结论可以看出，单纯改变常规烧结技术的碱度和配碳量等工艺参数并不能从根本上解决承钢钒钛烧结矿低温还原粉化严重，机械强度差的问题。这就需要开发新的烧结技术来解决承钢烧结矿多存在的问题。

4.3.2 酸碱超厚料层烧结试验

4.3.2.1 工艺流程

酸碱超厚料层烧结试验主导思想是：把烧结原料分别配成两个系列（酸性物料和碱性物料），碱性物料（配加熔剂和燃料）采用圆筒制粒机制粒；酸性物料（不配加熔剂和燃料，只添加膨润土）采用圆盘造球机制粒，制备出粒度理想的大颗粒酸性球团物料，以改善料层原始透气性和烧结过程热状态透气性。试验流程如图4-11所示。

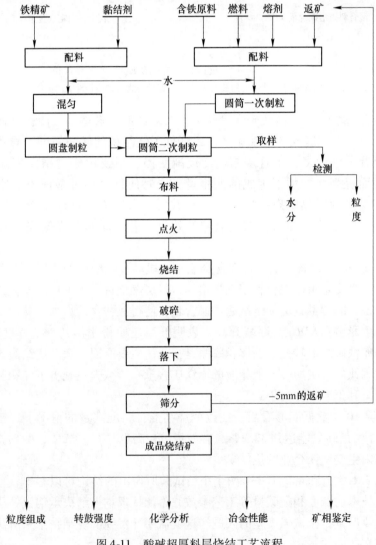

图 4-11 酸碱超厚料层烧结工艺流程

4.3.2.2 试验条件

各次试验用料按试验设计方案配料。每次混合物料的总质量为70kg，一混采用人工加水混匀，然后加入 $\phi600mm \times 1000mm$ 的小型圆筒混料机内进行混匀制粒，混匀造球的时间控制为10min，混合料水分控制在7.5%左右。然后按比例加入提前在圆盘造球机中造好球的酸性物料，继续混匀3min。烧结杯底层放置2.0kg烧结矿作为铺底料，粒度为10~16mm，料层厚度为1000mm。除负压变化的试验外，烧结过程初始负压均控制在11760Pa。烧结点火采用石油液化气，点火温度控制在（1100±50）℃，点火时间为2min，点火负压控制在7840Pa，烧结终点为烧结废气温度开始下降的时刻。

4.3.2.3 酸碱超厚料层烧结对烧结矿的影响

为了研究酸碱超厚料层烧结工艺对钒钛烧结矿质量的影响，进行试验。试验所用烧结矿含铁料干配基比见表4-11，试验方案见表4-12。

表 4-11 烧结矿含铁料干配基比

铁矿粉	黑山钒粉	矿砂	普通铁精粉	含钒铁精粉	返矿
配 比	14	5	33.5	27.5	20

表 4-12 烧结矿试验方案

方 案	酸性球			烧结矿		含碳量/%	综合碱度
	碱度	粒度/mm	配比/%	碱度	配比/%		
H-1	0.26	5~10	40	1.7	60	4.8	1.12
H-2	0.26	5~10	40	2.2	60	4.8	1.42
H-3	0.26	5~10	40	2.6	60	4.8	1.66

根据试验方案，烧结过程参数见表4-13和表4-14。

表 4-13 烧结过程的工艺参数

编号	水分/%	风机频率/Hz	烧结时间/min	垂直烧结速度/mm·min⁻¹	废气最高温度/℃	加入样品量/kg	产出量/kg	烧损率/%
H-1	7.82	36.84	30.50	19.67	377	41.10	34.55	15.94
H-2	7.89	37.07	33.00	18.18	364	40.95	33.00	19.41
H-3	8.05	30.53	29.50	20.34	245	41.05	34.85	15.10

表 4-14 烧结矿粒度组成、成品率

编号	烧结矿粒度组成/%						5mm 以上成品率/%
	>40mm	40~25mm	25~16mm	16~10mm	10~5mm	<5mm	
H-1	11.22	15.55	18.57	16.70	25.05	12.90	87.10
H-2	9.28	20.74	21.24	13.14	21.18	14.41	85.59
H-3	7.87	18.58	11.08	10.62	31.60	20.25	79.75

从表 4-15 中的数据可以看出，与常规钒钛烧结矿冶金性能指标相比，采用酸碱混合超厚料层烧结技术以后，烧结矿的转鼓强度提高了 5% 左右，$RDI_{+3.15}$ 能够提高 30% 左右，而 900℃ 的中温还原性能仍然能够稳定在 75% 左右。这说明酸碱混合超厚料层烧结技术能够大幅度改善钒钛烧结矿质量。

表 4-15 烧结矿冶金性能指标

编 号	TI/%	$RDI_{+3.15}$/%	RI/%
H-1	61.36	76.40	75.74
H-2	58.96	62.00	73.53
H-3	56.20	65.75	75.62

4.3.3 酸碱超厚料层烧结工艺参数

4.3.3.1 酸性球粒度的影响

对于球团生产来说，国内生球的适宜粒度一般为 8~16mm，最佳粒度在 10~12mm；国外一般控制在 9.5~12.7mm 的范围内。生球粒度大，干燥时间长，影响生产率；粒度过小时，在球团生产过程中，就会在篦板上形成漏料，影响正常抽风操作，但对于复合造块工艺，将生球直接放在烧结机上进行烧结，漏料问题影响很小，但是生球的尺寸在很大程度上决定了生球的强度、烧结料层的透气性，进而影响整体烧结矿的产质量。

国外，使用计算机模型求出：10mm 直径球团的焙烧时间为最短；12mm 直径的球团所需冷却时间最短；11mm 直径的球团整个焙烧所需的时间最短。这是因为球团的氧化和固结时间与球团直径的平方成正比。但直径很小的球团会增加料层的阻力，当压差不变时，气流量下降，所需的焙烧过程将延长，在烧结过程中，料层透气性的恶化，会影响料层厚度的提高。当球团直径较大时，比表面积下降，需要较长的焙烧周期，但对于一定时间的烧结过程，直径过大的球团在整个烧结过程中不能完全烧透，直接影响烧结矿的整体质量。因此，合理的生球粒度既是提高造球产量的需要，也是提高生球强度的需要，更是提高烧结矿产质量的需要。

烧结杯试验模拟某钢铁厂烧结厂的实际生产情况，烧结杯尺寸为 $\phi215mm \times 1000mm$。在酸碱超厚料层情况下，固定试验条件，单一变量为酸性物料的粒度，其中酸性物料配比为40%，碱性混料配比为60%，混合料总的含碳量为4.2%。充分考虑现场情况，选用四种生产现场容易实现的酸性物料粒度来研究酸碱超厚料层烧结的工艺参数和冶金性能。试验方案见表4-16。

表4-16　不同粒度的酸性球团的试验方案

编　号	酸性球			烧结矿		含碳量 $w(C)$ /%	综合碱度
	碱度	粒度/mm	配比/%	碱度	配比/%		
L-1	0.36	5~8	40	2.15	60	4.2	1.434
L-2	0.36	8~10	40	2.15	60	4.2	1.434
L-3	0.36	10~12.5	40	2.15	60	4.2	1.434
L-4	0.36	大于12.5	40	2.15	60	4.2	1.434

在烧结过程中由上向下的抽风是必须的，只有这样才能进行混合料中的焦炭燃烧反应，料层才能获得烧结必须的高温，从而顺利实现混合铁料烧结。在烧结料层内气体的变化规律和流动状况，与烧结过程的传热、传质以及物理化学反应的发生有很大关系，因此料层透气性对烧结矿的产质量及能耗都有很大的影响。

烧结透气性指数计算公式：

$$P = \frac{Q}{F}\left(\frac{h}{\Delta p}\right)^n$$

式中　P——料层的透气性指数；

$\quad\quad\ Q$——通过料层的风量，m^3/min；

$\quad\quad\ F$——抽风面积，m^2；

$\quad\quad\ h$——料层高度，m；

$\quad\quad\ \Delta p$——负压，Pa。

在烧结试验开始之前，风机使用固定频率进行抽风，测得原始混合料层负压，通过以上公式计算可得烧结料层的透气性指数。为了保证试验数据的可靠，根据试验方案进行重复试验，烧结过程参数见表4-17~表4-19。

表 4-17　粒度试验烧结工艺参数

编　号	水分 /%	风机频率 /Hz	烧结时间 /min	垂直烧结速度 /mm·min⁻¹	废气最高温度 /℃	加入样品量 /kg	产出量 /kg
L-1(1)	7.52	22.00	78.50	12.74	504	67.65	59.5
L-1(2)	7.69	22.37	82.50	12.12	450	68.75	62.75
L-1 均值	7.61	22.19	80.50	12.43	477	68.20	61.13
L-2(1)	7.50	22.07	100.00	10.00	440	67.50	58.40
L-2(2)	6.95	22.33	83.00	12.05	510	68.30	60.10
L-2 均值	7.23	22.20	91.50	11.03	475	67.90	59.25
L-3(1)	7.00	22.29	67.00	14.93	505	67.05	57.8
L-3(2)	7.23	22.13	65.00	13.33	569	69.10	60.15
L-3 均值	7.12	22.21	66.00	14.03	537	68.08	58.98
L-4(1)	7.50	22.15	83.00	12.05	510	70.00	61.30
L-4(2)	7.45	22.43	60.00	13.67	456	67.70	58.15
L-4 均值	7.48	22.29	71.50	12.86	483	68.85	59.73

表 4-18　粒度试验烧结料层透气性

编　号	料层负压/mmH₂O	透气性指数
L-1(1)	985	0.040774
L-1(2)	976	0.040999
L-1 均值	980.5	0.040887
L-2(1)	1018	0.039975
L-2(2)	975	0.041024
L-2 均值	996.5	0.040499
L-3(1)	981	0.040873
L-3(2)	1039	0.039489
L-3 均值	1007.5	0.040181
L-4(1)	1209	0.036057
L-4(2)	1143	0.037292
L-4 均值	1176	0.036673

表 4-19 粒度试验烧结矿粒度组成、成品率

编 号	>40mm	25 ~ 40mm	16 ~ 25mm	10 ~ 16mm	5 ~ 10mm	<5mm	>5mm 成品率/%	转鼓/%
L-1(1)	25.55	21.05	14.50	9.30	15.55	17.85	86.49	55.73
L-1(2)	24.80	21.35	13.90	9.40	16.10	18.60	85.31	55.00
L-1 均值	25.18	21.20	14.20	9.35	15.83	18.23	85.90	55.37
L-2(1)	22.00	23.15	15.35	10.20	14.20	17.45	86.84	59.48
L-2(2)	19.25	23.60	16.20	10.55	16.40	18.05	86.21	59.62
L-2 均值	20.63	23.38	15.78	10.38	15.30	17.75	86.53	59.55
L-3(1)	15.60	27.10	17.40	11.45	12.00	17.35	86.68	61.51
L-3(2)	17.10	25.40	16.05	15.20	13.90	17.45	87.44	61.09
L-3 均值	16.35	26.25	16.73	13.33	12.95	17.40	87.06	61.30
L-4(1)	19.10	20.55	18.50	13.75	11.80	20.95	81.52	60.00
L-4(2)	18.40	25.15	18.90	11.15	11.40	16.55	88.24	59.74
L-4 均值	18.75	18.72	20.65	15.58	17.29	22.76	77.24	59.87

从表 4-17 和图 4-12 可以看出，风机频率基本都在 20 ~ 25Hz 之间，混合料透气性良好，垂直燃烧速度低。由表 4-17 看出，8 ~ 10mm 粒度范围烧结时间最长，现场试验发现酸性物料基本熔入高碱度料物中，其烧结时间很长，烧结速度最慢。10 ~ 12.5mm 酸性物料的烧结时间最短，垂直烧结速度最快，烧结成品能够反应生成成品烧结矿。

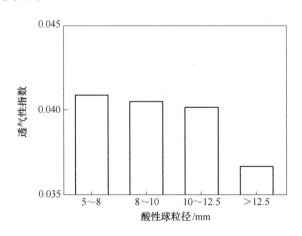

图 4-12 粒度试验烧结料层透气性指数

加大酸性物料粒度范围后，料层相对均匀，透气性指数提高，烧结时间变

短，垂直烧结速度快，8～10mm
和10～12.5mm 酸性物料的两个
方案的参数较相似。但是大于
12.5mm 粒级的烧结矿透气性最
差，这是由于酸性料粒度过大
后，小粒级的碱性混合料大量填
充在酸性物料周围，使得物料孔
隙度降低，透气性变差，烧结时
间有所增加。

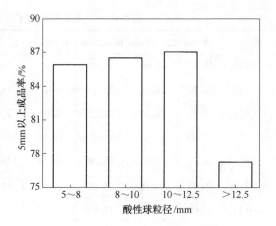

图 4-13　粒度试验烧结成品指标

从图 4-13 可以看出，酸性物
料的粒度提高后，烧结成品率明
显提高。在固体燃料配量保持不
变的前提条件下，烧结时间有所降低，因而烧结过程中液相形成的数量会有所降
低，从而导致烧结成品率略有降低。4 个试样的成品率都较好，10～12.5mm 粒级
的成品率最高，分别为86.68%和87.44%。粒度试验烧结矿冶金性能见表4-20。

表4-20　粒度试验烧结矿冶金性能

编　号	$RDI_{+3.15}/\%$	$RDI_{+6.3}/\%$
L-1	58.30	41.39
L-2	62.02	41.52
L-3	58.72	43.18
L-4	55.81	40.75

　　由图 4-14(a)可知，粒度试验烧结矿转鼓指数以及低温还原粉化指数的趋势
均为先增高后降低。酸性物料粒度为 5～8mm 时，烧结矿转鼓指数、$RDI_{+3.15}$ 和
$RDI_{+6.3}$ 都是最低的，在试验现场观察到，处在中下部的 5～8mm 粒度酸性球已经
融入高碱度烧结矿液相中，其转鼓以及低温还原粉化指数均不理想；当酸性物料
粒度采用 10～12.5mm 粒级时，烧结矿成品率最高，同时转鼓指数、$RDI_{+3.15}$ 和
$RDI_{+6.3}$ 也是最高的，在试验现场观察烧结矿成品，可以观察到采用 10～12.5mm
粒级酸性球的烧结矿成品能够形成成品酸性球与高碱度烧结矿共生的葡萄状烧结
矿，成品率符合要求，冶金性能也能达到最佳。因此在后续试验中，混合料中酸
性球粒级以 10～12.5mm 为主。

　　根据以上结论可以看出，在酸性球总量配比不变的情况下，酸性球团粒径为
10～12.5mm 时，各个指标最优。但是基于现场布料工艺和对于特定粒级球团选
取的困难，现场工艺不能像烧结杯一样，可以选取特定的球团粒径进行复合烧

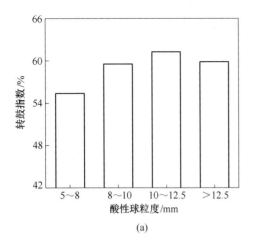 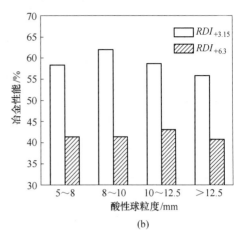

(a)　　　　　　　　　　　　　　(b)

图 4-14　粒度试验烧结矿冶金性能

（a）酸性球粒度与转鼓指数的关系；（b）酸性球粒度与烧结矿冶金性能的关系

结，因此为了贴近生产实际。球团粒径过大，球团烧不透，球团质量变差，球团粒径过小，又影响料层的透气性，难以实现超厚料层烧结，所以只能确定各个粒径的最佳比例，达到"均质烧结"，达到产质量的最优。

4.3.3.2　酸性球粒级配比的影响

试验中酸性球粒级以 10~12.5mm 粒级为主，分别配加其他三种粒径的酸性物料，从而进一步研究早酸碱超厚料层烧结中，不同粒级酸性物料的比例对烧结矿的透气性、成品率、转鼓指数和低温还原粉化指数的影响。因此对酸性球团不同配比进行试验研究，确定试验计划见表 4-21。

表 4-21　不同粒级配比　　　　　　　　　　（％）

编　号	粒度/mm			
	5~8	8~10	10~12.5	>12.5
L-5	10	30	45	15
L-6	15	35	45	5
L-7	20	25	45	10
L-8	15	25	40	20
L-9	20	30	40	10
L-10	10	35	40	15

烧结过程工艺参数、透气性指数和成品矿质量见表 4-22~表 4-24。

表 4-22 粒级配比试验烧结工艺参数

编号	水分 /%	风机频率 /Hz	烧结时间 /min	垂直烧结速度 /mm·min^{-1}	废气最高温度 /℃	加入样品量 /kg	产出量 /kg	烧损率 /%
L-5	7.72	23.67	100	10.00	490	66.1	57.85	12.48
L-6	8.00	21.59	111	9.01	556	68.45	60.65	10.87
L-7	7.70	26	85	11.76	491	69.2	60.75	12.48
L-8	7.85	20.7	87	11.49	496	69.25	60.4	11.40
L-9	7.6	21.63	100.5	9.95	486	68.45	60.55	12.21
L-10	7.48	22.43	82	12.20	510	69.05	60.55	12.78

表 4-23 粒级配比试验烧结料层透气性

编 号	料层负压/mmH$_2$O	透气性指数
L-5	1109	0.037974
L-6	1004	0.040309
L-7	1170	0.036773
L-8	1051	0.039218
L-9	1016	0.040023
L-10	928	0.042258

表 4-24 粒级配比试验烧结矿粒度组成、成品率　　　　　（%）

编 号	>40mm	25~40mm	16~25mm	10~16mm	5~10mm	<5mm	>5mm 成品率	转鼓
L-5 上	11.10	10.45	9.85	7.50	11.05	15.85	71.70	45.70
L-5 下	15.10	18.60	11.95	9.15	10.85	16.55	82.18	54.68
L-6 上	13.10	10.95	9.45	6.8	10.00	13.95	79.14	49.32
L-6 下	15.90	18.70	12.20	9.55	12.15	15.20	86.32	56.58
L-7 上	12.65	12.45	10.35	8.25	9.35	13.65	82.81	52.33
L-7 下	17.80	17.40	12.65	9.45	9.55	14.70	86.87	56.07
L-8 上	15.10	11.85	10.90	7.30	8.70	13.00	85.84	48.66
L-8 下	17.10	17.40	13.25	9.50	10.10	14.95	86.40	53.91
L-9 上	11.65	10.25	10.00	7.95	10.65	15.95	72.08	52.31
L-9 下	13.55	17.40	11.90	9.85	11.55	16.15	83.02	55.97
L-10 上	13.05	11.75	10.30	7.30	9.50	13.30	83.25	51.33
L-10 下	17.55	15.55	12.55	10.55	11.40	15.65	84.99	55.78

由图 4-15 可以看出，L-10 试样的透气性最好，烧结时间最短，垂直烧结速

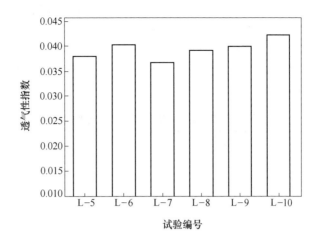

图 4-15　粒级配比试验烧结料层透气性

度最快。L-7 虽然透气性指数最差，但是其烧结时间也较短。

　　理论分析进行厚料层烧结，随着料层厚度的增加，烧结固体燃料消耗降低，烧结料层中氧化气氛增强，有利于提高烧结矿中铁酸钙和赤铁矿含量，故烧结矿质量和还原性得到明显的改善。另一方面，进行厚料层烧结，由于料层的自动蓄热作用增强，下部热量充足，使料层中各种矿物反应充分，烧结矿质量进一步加强。但是进行 1000mm 的超厚料层烧结，不同料层烧结矿的还原性和强度等质量指标随着料层的变化差别太大，所以为了更加深入的研究各个指标的变化，决定将烧结杯进行上下部指标的单独分析，即上部选取料层 400mm 厚度，下部选取 600mm 的料层厚度。

　　图 4-16 表示了不同粒级配比试验上下层烧结矿成品率。

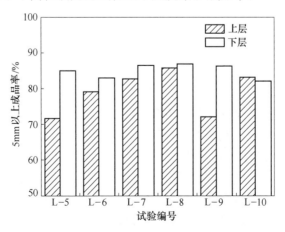

图 4-16　粒级配比试验烧结成品指标

根据图 4-16 可知，从上部烧结矿成品率分析，L-8 试验成品的成品率均是最高的，其次为 L-7 试样，L-5 和 L-9 试样最差；下部物料成品率趋势与上部物料相似，L-7 试样成品率最高，其次为 L-8，L-5 和 L-9 试样最差。因此，从烧结矿成品率分析，L-7 和 L-8 试样为最佳酸性物料配比。粒级配比试验烧结矿冶金性能见表 4-25。

表 4-25 粒级配比试验烧结矿冶金性能

编 号	$RDI_{+3.15}$/%	$RDI_{+6.3}$/%	RI/%
L-5	47.10	25.05	81.43
L-6	53.76	35.07	67.87
L-7	58.80	41.45	67.87
L-8	56.76	41.10	63.22
L-9	56.02	39.80	63.36
L-10	54.25	37.17	54.42

酸性球粒级配比试验冶金性能如图 4-17 所示。

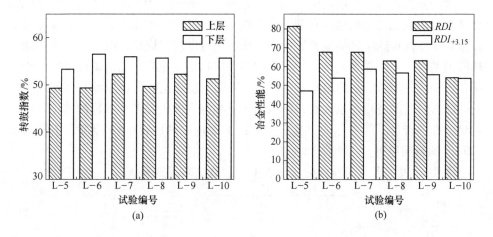

图 4-17 粒级配比试验烧结矿冶金性能
(a) 粒级配比与转鼓指数的关系；(b) 粒级配比与烧结矿冶金性能的关系

同时考虑各个烧结试样样品的冶金性能，如图 4-17(a) 所示，上层烧结矿的转鼓指数波动较为明显，其中 L-7 和 L-9 试样最好，相对而言，下层烧结矿除了 L-5 试样转鼓指数较低，其他试样转鼓指数均处在较高水平。从图 4-17(b) 可以看出，烧结矿试样的 $RDI_{+3.15}$ 是先上升后下降的趋势，L-7 的低温还原粉化指数是最高的；还原性能呈下降的趋势，L-5 最佳，L-6 和 L-7 其次。综合考虑烧结矿成品率、转鼓指数以及低温还原粉化指数，可以确定酸性物料的最佳配比为 5~8mm 占 20%；8~10mm 占 25%；10~12.5mm 占 45%；大于 12.5mm 占 10%。

4.3.3.3 酸性物料总量的影响

酸碱超厚料层烧结杯试验模拟某钢铁厂烧结厂的实际生产情况。烧结杯尺寸为 $\phi 215mm \times 1000mm$。固定试验条件，单一变量为酸性物料与碱性混合料的配比，试验方案见表 4-26。

表 4-26　酸性球团总量配比试验方案

方 案	酸性球			烧结矿		含碳量 $w(C)$ /%	综合碱度
	碱度	粒度/mm	配比/%	碱度	配比/%		
P-1	0.36	最佳粒度	30	2.15	70	4.2	1.613
P-2	0.36	最佳粒度	40	2.15	60	4.2	1.434
P-3	0.36	最佳粒度	50	2.15	50	4.2	1.255

烧结料层的孔隙率变化如图 4-18 所示。

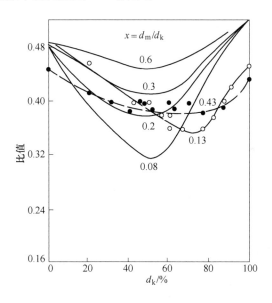

图 4-18　不同粒径颗粒不同配比的气孔率变化曲线

图 4-18 中 d_m 为细粒级物料直径，d_k 为粗粒级物料直径，$x = d_m/d_k$。
烧结试验工艺参数见表 4-27。

表 4-27　酸性球团总量配比试验烧结工艺参数

编 号	水分 /%	风机频率 /Hz	烧结时间 /min	垂直烧结速度 /mm·min^{-1}	废气最高温度 /℃	加入样品量 /kg	产出量 /kg	烧损率 /%
P-1	7.20	34.2	80.5	12.42	481	67.70	59.65	11.89
P-2	7.70	26	85	11.76	491	69.20	60.75	12.48
P-3	7.30	21.99	101.5	9.85	524	70.95	62.10	12.47

从表 4-27 中数据及图 4-19 可以看出随着酸性球团配比量的增加，烧结料层的透气性变差，烧结时间延长，处置烧结速度越来越慢。这是由于在粗细物料粒径比例不变的情况下，酸碱超厚料层烧结原始混合料的粗细颗粒直径比例大约为0.08，从图 4-18 中可知，当直径比为 0.08 时，混合料层的气孔率实现降低后升高的，在 50% 左右时，气孔率达到最小值。混合料的气孔率对透气性起决定性作用。气孔率对气体通过料层的压力降，床层的有效导热系数及比表面积都有重大的影响。气孔率大，则混合料比表面积小，料层透气性好；反之，则透气性变差，在抽风负压不变的情况下，影响烧结过程通过料层的风量，进而影响垂直烧结速度。

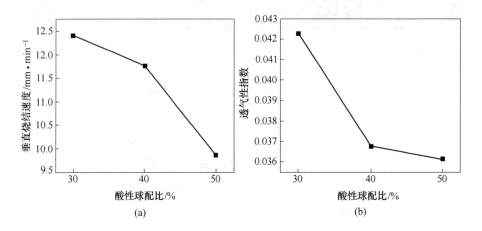

(a)   (b)

图 4-19 酸性球总量配比试验垂直烧结速度和透气性
(a) 酸性球配比与垂直燃烧速度的关系；(b) 酸性球配比与透气性指数的关系

烧结矿成品率，透气性和转鼓强度等参数见表 4-28 和表 4-29。

表 4-28 酸性球团总量配比试验烧结矿粒度组成、成品率   (%)

编　号	>40mm	25~40mm	16~25mm	10~16mm	5~10mm	<5mm	>5mm 成品率	>10mm 成品率	转鼓
P-1 上	12.30	11.20	9.90	7.40	9.20	12.80	83.79	63.74	49.37
P-1 下	15.50	14.55	12.55	13.55	12.70	14.90	87.10	68.84	55.68
P-2 上	12.65	12.45	10.35	8.25	9.35	13.65	82.81	65.61	52.33
P-2 下	17.80	17.40	12.65	9.45	9.55	14.70	86.87	76.05	56.07
P-3 上	13.95	9.80	9.65	8.10	10.20	13.60	81.88	59.42	49.81
P-3 下	18.4	18.00	13.00	9.55	10.65	15.10	86.91	74.19	55.66

表 4-29   酸性球团总量配比试验烧结料层透气性

编　号	料层负压/mmH₂O	透气性指数
P-1	927	0.042286
P-2	1170	0.036773
P-3	1205	0.036129

图 4-20 表示了烧结矿成品率的变化趋势，由图 4-20 可知，在酸性球团总量配比试验中，上下层烧结成品矿的 10mm 以上成品率的变化趋势都是先升高，后降低，在酸性球总配比 40% 的成品率时达到最高。酸性球团总量配比试验烧结矿冶金性能见表 4-30。

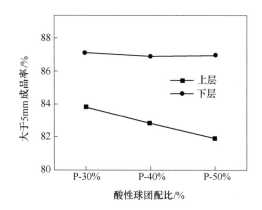

图 4-20   酸性球团总量配比试验烧结成品指标

表 4-30   酸性球团总量配比试验烧结矿冶金性能

编　号	$RDI_{+3.15}$/%	$RDI_{+6.3}$/%	RI/%
P-1	61.79	43.75	66.69
P-2	58.80	41.45	67.87
P-3	58.20	39.36	73.70

图 4-21 显示出了粒级配比试验烧结矿质量的变化趋势。

从图 4-21（a）中可以看出，酸性球配比 30% 的时候转鼓指数最低，酸性物料总配比为 40% 的时候，成品矿的转鼓强度最高，上层物料为 52.33%，下行物料为 56.04%；从图 4-21（b）中可知，烧结试验的低温还原粉化指数随着酸性球含量的增加呈下降趋势，这是由于酸性球含量的增加，使得烧结料层透气性变差，在酸性配比为 30% 的时候，透气性最好，此时垂直烧结速度最快，空气流经烧结混合料层的速度最快，使得燃烧带的燃烧反应不完全，减弱了料层的氧化性气氛，FeO 含量增加，钛赤铁矿含量减少，改善了成品矿的低温还原粉化性能；在

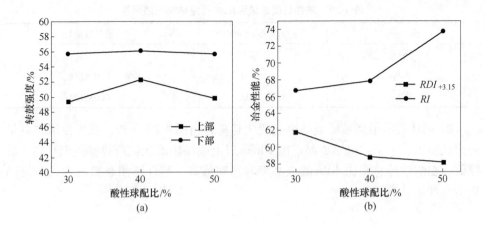

图 4-21　酸性球总量配比试验烧结矿质量

（a）酸性球配比与转鼓强度的关系；（b）酸性球配比与烧结矿冶金性能的关系

酸性料配比为 40% 情况下，烧结过程中固体燃料得到充分燃烧，氧化性气氛得到加强，同时把烧结特有的料层蓄热控制在了一个比较好的比例，使得料层最高温度不会过高，减少了 FeO 的生成量，这样有利于烧结过程形成优质的针状铁酸钙，抑制钙钛矿的生成；酸性球配比为 50% 的时候，透气性不佳，烧结时间过长，还原粉化性能过差，影响了烧结生产的产质量。

表 4-31 和图 4-22 表示了随着酸性球配比总量的不同，烧结矿荷重软化性能的变化趋势。

表 4-31　酸性球总量配比试验荷重软化性能

编　号	$T_{10\%}/℃$	$T_{40\%}/℃$	$\Delta T/℃$
P-1	1215	1274	59
P-2	1228	1296	68
P-3	1230	1314	84

从图 4-22（a）中可以看出，混合料中酸性球含量越多，软化开始温度越高，当酸性球含量为 50% 时，软化开始温度最高，为 1230℃，含量为 40% 时，软化温度只比 50% 时低 2℃，也比较高；从图 4-22（b）中可以看出，酸性球含量越多，软化温度区间越宽，50% 含量最宽，为 84℃。从软化开始温度及软化区间两方面考虑，酸性球含量为 40% 时，烧结矿的荷重软化性能最佳。

4.3.3.4　配碳量的影响

烧结杯试验模拟某钢铁厂烧结厂的实际生产情况，烧结杯尺寸为 $\phi215\text{mm} \times 1000\text{mm}$。在超厚料层情况下，固定试验条件，单一变量为烧结混合料的中固定碳含量，其中酸性物料配比为 40%（酸性物料的配比为 5~8mm 占 20%；8~

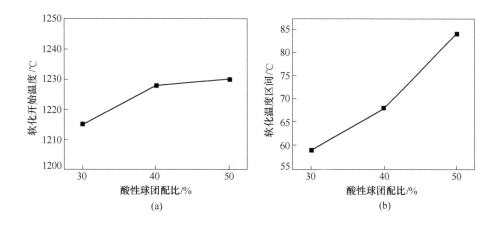

图 4-22　酸性球总量配比试验荷重软化性能
（a）酸性球配比与软化开始温度的关系；（b）酸性球配比与软化温度区间的关系

10mm 占 25%；10～12.5mm 占 45%；大于 12.5mm 占 10%），碱性混料配比为 60%，碱度 2.15。试验方案见表 4-32，试验参数见表 4-33 和表 4-34，透气性指数见表 4-35。

表 4-32　不同含碳量的试验方案

编　号	酸性球			烧结矿		配碳量 /%	综合碱度
	碱度	粒度/mm	配比/%	碱度	配比/%		
C-1	0.36	最佳粒度	40	2.15	60	4.2	1.434
C-2	0.36	最佳粒度	40	2.15	60	4.0	1.434
C-3	0.36	最佳粒度	40	2.15	60	3.8	1.434

表 4-33　碳含量试验烧结工艺参数

编　号	水分 /%	风机频率 /Hz	烧结时间 /min	垂直烧结速度 /mm·min^{-1}	废气最高温度/℃	加入样品量 /kg	产出量 /kg	烧损率 /%
C-1	7.70	26	85	11.76	491	69.2	60.75	12.48
C-2	7.5	20.73	86.5	11.56	486	67.8	60.05	11.43
C-3	7.4	19.89	91	10.99	463	66.95	57.5	14.12

表 4-34　碳含量试验烧结矿粒度组成、成品率和转鼓强度　　　（%）

编　号	>40mm	25～40mm	16～25mm	10～16mm	5～10mm	<5mm	>5mm 成品率	>10mm 成品率	转鼓
C-1 上	12.65	12.45	10.35	8.25	9.35	13.65	82.81	65.61	52.33
C-1 下	17.80	17.40	12.65	9.45	9.55	14.70	86.87	76.05	56.04

续表 4-34

编　号	>40mm	25~40mm	16~25mm	10~16mm	5~10mm	<5mm	>5mm 成品率	>10mm 成品率	转鼓
C-2 上	10.80	11.65	9.85	8.30	9.75	15.20	74.46	54.42	55.35
C-2 下	14.20	12.75	12.00	13.45	12.30	17.25	80.19	68.09	59.95
C-3 上	10.30	9.95	8.95	8.80	10.20	16.75	66.09	43.24	55.98
C-3 下	14.60	15.60	13.00	10.65	10.80	16.15	82.60	62.12	60.32

表 4-35　碳含量试验烧结料层透气性

编　号	料层负压/mmH$_2$O	透气性指数
C-1	1170	0.036773
C-2	1185	0.036493
C-3	1173	0.036717

图 4-23 显示了随着固定碳含量的变化，原始料层透气性和烧结矿成品率的变化。

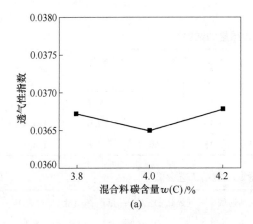
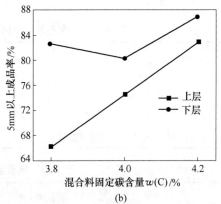

图 4-23　碳含量试验透气性指数和烧结成品指标

（a）碳含量与透气性指数的关系；（b）碳含量与成品率的关系

表 4-36 显示了不同固定碳含量试验烧结矿成品的冶金性能。

表 4-36　碳含量试验烧结矿冶金性能

编　号	$RDI_{+3.15}$/%	$RDI_{+6.3}$/%	RI/%
C-1	64.50	47.65	66.64
C-2	58.02	35.10	66.80
C-3	56.76	41.10	67.87

由图 4-23(a)可以看出,采用酸、碱混合 1000mm 超厚料层烧结技术后,透气性得到加强,三个试验原始料层透气性差距不大,均为 0.036 左右。配碳量为 4.2% 的方案的垂直烧结速度最快,主要原因是其水分较为适宜,使得混合料成球效果较好,水分子覆盖在矿粉颗粒表面,起类似润滑剂的作用,降低表面粗糙度,减少气流阻力。由图 4-23(b)可以看出,混合料碳含量对酸碱超厚料层烧结成品率的影响较为显著。随着碳含量的增多,成品率升高,当固定碳含量达到 4.2% 时,成品率最高,上下料层分别为 82.81% 和 86.87%。钒钛磁铁精矿烧结的特点之一就是烧结过程中液相生成量少,并且烧结过程中存在大量的钙钛矿,严重影响了烧结矿强度和成品率。随着料层厚度的加大和混合料中固定碳含量的增加,是的料层中燃烧反应发热量增加,料层温度升高,有充分的时间和温度产生液相;同时,由于混合料中加入了酸性球团矿,在固定碳含量增多的情况下,较高的发热量和料层温度也提高了酸性球团的成品率和强度,因此成品率提高。

图 4-24 表示了随着混合料中固定碳含量的增加,成品矿质量的变化趋势。

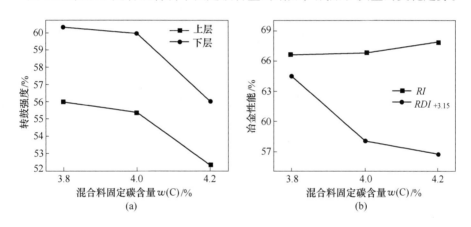

图 4-24 碳含量试验烧结矿冶金性能
(a) 碳含量与转鼓强度的关系;(b) 碳含量与烧结矿冶金性能的关系

由图 4-24(a)可以看出,随着烧结混合料固定碳含量的增加,转鼓指数呈现降低的趋势,固定碳含量 $w(C)$ 4.0% 处的变化较小,固定碳含量 $w(C)$ 4.2% 时,转鼓强度变化较大。从热力学分析,烧结矿碱度保持在 2.15 时,随着配碳量的增大,虽然发热量增大,有利于液相的形成,但同时还原气氛增强,钛磁铁矿增多,赤铁矿减少,烧结矿强度提高。当用碳量过多时,尤其是料层温度大于 1300℃ 时,更加有利于脆性钙钛矿的生成,同时高温也会使生成的铁酸钙相继续分解,浮士体和钙铁橄榄石增加,磁铁矿减少,高温下易生成正硅酸钙,在冷却时发生晶型转变,使强度变坏。

由图 4-24(b)可知，随着混合料固定配碳量的增加，$RDI_{+3.15}$ 呈降低趋势，RI 得到改善。产生这种变化的主要原因是因为配碳的增加，烧结热量增大，烧结温度升高，通过在烧结过程中插热电偶测温显示，烧结最高温度高于 1300℃，在这个温度范围内，铁酸钙相分解成 Fe_2O_3 和 CaO，料层温度越高，Fe_2O_3 含量越多，改善了烧结矿的还原性，但同时，这种分解产生的赤铁矿是对低温粉化影响最大的再生次铁矿，所以随着配碳量的增加低温还原粉化指数 $RDI_{+3.15}$ 降低。另一方面，配碳量的增加，改善了烧结气氛和温度条件，还原气氛增加，温度水平升高，有助于钙钛矿的生成。

表 4-37 和图 4-25 表示了随着混合料中固定碳含量的增加，酸碱混合烧结矿荷重软化性能的变化。从图 4-25(a)中可以看出，随着混合料中固定碳含量的增加，混烧矿的软化开始温度越来越高，当固定碳含量为 4.2% 时，达到最高，为 1228℃，比含碳量 3.8% 时高了 12℃；从图 4-25(b)中可以看出，烧结矿的软化区间均处在 75℃ 以下，软化区间都比较窄。

表 4-37　碳含量试验荷重软化性能

编　号	$T_{10\%}$/℃	$T_{40\%}$/℃	ΔT/℃
C-1	1228	1296	68
C-2	1219	1278	59
C-3	1216	1290	74

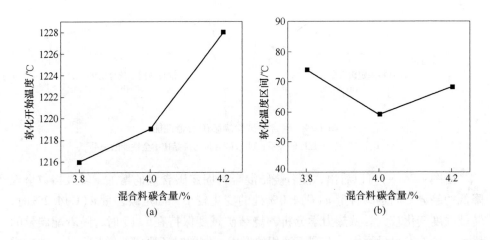

图 4-25　碳含量试验荷重软化性能
(a) 碳含量与软化开始温度的关系；(b) 碳含量与软化温度区间的关系

4.3.3.5　碱性物料碱度的影响

烧结杯试验模拟某钢铁厂烧结厂的实际生产情况，烧结杯尺寸为 $\phi215\text{mm} \times$

1000mm。在酸碱超厚料层烧结情况下，固定试验条件，单一变量为烧结混合料中碱性物料的碱度，其中酸性物料配比为40%（酸性物料的配比为5~8mm占20%；8~10mm占25%；10~12.5mm占45%；大于12.5mm占10%），碱性混料配比为60%，固定碳含量$w(C)$确定为4.2%。试验方案见表4-38，烧结过程工艺参数见表4-39和表4-40。

表4-38 不同碱度的烧结矿试验方案

编 号	酸性物料			碱性物料		含碳量$w(C)$/%	综合碱度
	碱度	粒度/mm	配比/%	碱度	配比/%		
R-1	0.36	最佳粒度	40	1.95	60	4.2	1.314
R-2	0.36	最佳粒度	40	2.15	60	4.2	1.434
R-3	0.36	最佳粒度	40	2.35	60	4.2	1.554
R-4	0.36	最佳粒度	40	2.55	60	4.2	1.674

表4-39 变碱度试验烧结工艺参数

编号	水分/%	风机频率/Hz	烧结时间/min	垂直烧结速度/mm·min^{-1}	废气最高温度/℃	加入样品量/kg	产出量/kg	烧损率/%
R-1	7.60	20	71	14.08	521	67.75	59.00	12.92
R-2	7.70	26	85	11.76	491	69.20	60.75	12.48
R-3	7.90	21.69	82.5	12.12	561	67.50	58.80	12.89
R-4	8.00	21.99	68	17.24	522	65.65	56.50	13.94

表4-40 变碱度试验烧结矿粒度组成、成品率 （%）

编 号	>40mm	25~40mm	16~25mm	10~16mm	5~10mm	<5mm	>5mm 成品率	>10mm 成品率	转鼓
R-1 上	12.65	11.35	10.75	8.30	9.85	13.50	83.26	63.53	56.68
R-1 下	16.55	17.05	13.85	9.70	10.35	14.30	88.04	75.13	59.98
R-2 上	12.65	12.45	10.35	8.25	9.35	13.65	82.81	65.61	52.33
R-2 下	17.80	17.40	12.65	9.45	9.55	14.70	86.87	76.05	56.04
R-3 上	12.45	10.80	10.30	7.70	9.60	13.20	82.78	61.95	54.64
R-3 下	15.60	19.50	13.55	9.35	10.25	14.60	87.58	75.29	56.66
R-4 上	10.20	10.75	10.45	8.05	9.00	12.60	82.58	62.31	56.70
R-4 下	16.90	18.55	14.75	9.30	9.75	14.10	89.03	78.19	60.65

由表4-39可知，风机频率基本都在20Hz以上，烧结过程风量充足，混合料透气性良好，透气性指数的变化与混合料水分、混合制粒效果、布料方式等因素有关。变碱度试验烧结料层透气性见表4-41。

表 4-41   变碱度试验烧结料层透气性

编 号	料层负压/mmH₂O	透气性指数
R-1	948	0.041721
R-2	1170	0.036773
R-3	1000	0.040406
R-4	958	0.041459

    常规烧结过程中，在固体燃料总量保持不变的前提条件下，随着碱度的提高，熔剂量逐渐增多，放出的二氧化碳也随之增多，这就降低了烧结料层的温度和还原气氛。而烧结矿碱度提高后，烧结矿中形成的矿物质熔点会有所升高，因而烧结过程中液相形成的数量会有所降低，从而导致烧结成品率略有降低。这种现象在超厚料层烧结上层烧结矿体现得较为显著。但是随着烧结过程的进行，料层中下部的自动蓄热作用使得燃烧带的温度能够满足烧结过程中生成液相的要求，从而减小碱度对烧结成品率的影响，见表 4-40 和图 4-26(b) 所示，下层 5mm 以上成品率能够达到 86% 以上，同时 10mm 以上成品率也能够达到 75% 以上。烧损率影响因素很复杂，在工艺参数不变条件下，烧结混合料水分、混合制粒效果以及烧结速度的变化是影响烧损以及成品率的主要因素。

    图 4-26 表示了不同碱度烧结试验的透气性指数和烧结成品指标。

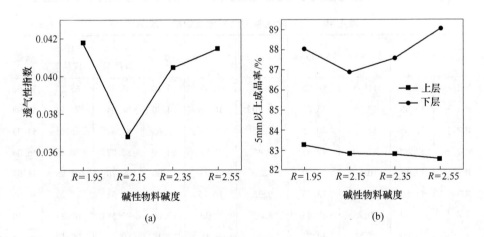

图 4-26   变碱度试验透气性指数和烧结成品指标
(a) 碱性物料碱度与透气性指数关系；(b) 碱性物料碱度与成品率关系

变碱度试验烧结矿冶金性能见表 4-42。

表 4-42 变碱度试验烧结矿冶金性能

编 号	$RDI_{+3.15}/\%$	$RDI_{+6.3}/\%$	$RI/\%$
R-1	72.610	53.615	72.69
R-2	58.797	41.448	67.87
R-3	68.827	53.963	66.47
R-4	70.666	56.421	57.40

由图 4-27 可以看出当烧结混合料中碱性物料的碱度为 1.95 和 2.55 时转鼓和粉化都最好，此时混合料综合碱度分别为 1.314 和 1.674，与常规烧结相同碱度的烧结矿的结果相吻合。

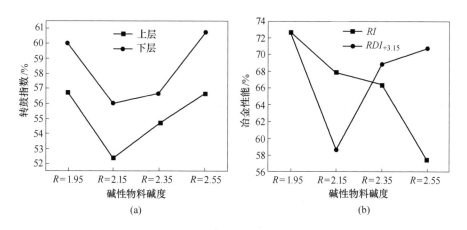

图 4-27 变碱度试验烧结矿冶金性能
(a) 碱性物料碱度与转鼓指数关系；(b) 碱性物料碱度与冶金性能关系

据资料显示，钒钛烧结矿低温还原粉化性能在 CaO 含量 10% 左右时最差，而远离这一区域会变好。在高炉生产中，8% ~10% 为烧结矿中 CaO 的适宜含量，但是当烧结矿中的 CaO 含量在这一区域时，其还原粉化性最差。采用酸、碱分别制粒技术，能够避开这一区域，使 CaO 的分配有所侧重。烧结混合料由含 CaO 高和含 CaO 低的两部分物料组成，能够改善烧结矿还原粉化性能。打水消化后，生石灰呈粒度极细的消石灰 $Ca(OH)_2$ 胶体颗粒，由于这些广泛分散于混合料内的 $Ca(OH)_2$ 颗粒具有较强的亲水性，故使矿石颗粒与消石灰颗粒靠近，产生混合制粒所必需的毛细力，把钒钛磁铁精矿粉、焦粉等物料颗粒联系起来形成小球。

随着碱度升高，烧结矿转鼓指数先降低后升高，在 R 为 2.55 处为最高值，钒钛磁铁矿烧结过程中，碱度对烧结过程和烧结黏结相组成有很大影响，由于 TiO_2 与 CaO 的结合能力比 Fe_3O_4 与 CaO 的结合能力强，当碱度较低时，CaO 都与 TiO_2 生成了钙钛矿，随着碱度的升高，钙钛矿逐渐增多，烧结矿强度和粉化逐渐恶化；此后，当 TiO_2 全部生成钙钛矿后，随着混合料碱度的升高，铁酸钙生成量增多，烧结矿强度得到提高。当碱度为 2.55 时烧结矿低温还原粉化性能和转鼓指数比碱度为 2.15 时相比有很大提升。随着碱度升高，$RDI_{+3.15}$ 先降低后升高，在 2.15 处出现了低洼区，与单独烧结时的情况吻合。烧结矿的中温还原性总体上比较稳定。

随着混合料碱度的提高，烧结矿的中温还原性逐渐变差。

表 4-43 和图 4-28 表示了随着混合料碱度的增加，混合烧结矿荷重软化性能的变化趋势。

表 4-43　碱度试验荷重软化性能

编　号	$T_{10\%}$/℃	$T_{40\%}$/℃	ΔT/℃
R-1	1210	1288	78
R-2	1228	1296	68
R-3	1218	1388	70
R-4	1213	1277	64

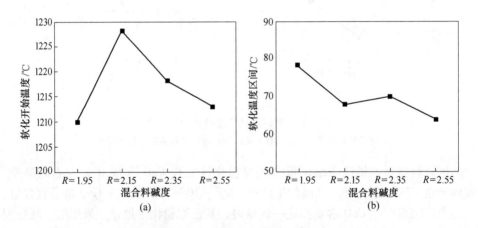

图 4-28　碱度试验荷重软化性能
(a) 碱度与软化开始温度关系；(b) 碱度与软化温度区间关系

从图 4-28(a) 中可以看出，随着混合料碱度的增加，烧结矿软化开始温度是先升高后降低的，在碱度达到 2.15 时，软化开始温度最高，能够达到 1228℃，其次是碱度 2.35 时，在 1218℃ 开始软化；从图 4-28(b) 能够看出，混合烧结矿软化区间都比较窄，均在 80℃ 以下，整体上看软化区间越来越窄。

4.3.3.6　烧结负压的影响

烧结杯试验模拟某钢铁厂烧结厂的实际生产情况，烧结杯尺寸为 ϕ215mm ×

1000mm。在酸碱超厚料层烧结情况下，固定试验条件，单一变量为烧结过程抽风负压，原料中酸性物料配比为40%（酸性物料的配比为5~8mm占20%；8~10mm占25%；10~12.5mm占45%；大于12.5mm占10%。），碱性混料配比为60%，碱度2.15，混合料固定碳含量为4.2%。试验方案见表4-44，烧结过程工艺参数见表4-45~表4-47。

表4-44 不同烧结负压的试验方案

编 号	酸性球			烧结矿		负压/mmH₂O	综合碱度
	碱度	粒度/mm	配比/%	碱度	配比/%		
F-1	0.36	最佳粒度	40	2.15	60	1200	1.434
F-2	0.36	最佳粒度	40	2.15	60	1300	1.434
F-3	0.36	最佳粒度	40	2.15	60	1400	1.434

表4-45 变负压试验烧结工艺参数

编 号	水分/%	风机频率/Hz	烧结时间/min	垂直烧结速度/mm·min⁻¹	废气最高温度/℃	加入样品量/kg	产出量/kg	烧损率/%
F-1	7.70	26	85	11.76	491	69.2	60.75	12.48
F-2	7.4	36	65.5	15.27	524	68	59.95	11.84
F-3	7.45	50	55	18.87	519	68.35	59.5	12.95

表4-46 变负压烧结矿粒度组成、成品率 （%）

编 号	>40mm	25~40mm	16~25mm	10~16mm	5~10mm	<5mm	>5mm 成品率	>10mm 成品率	转鼓
F-1 上	12.65	12.45	10.35	8.25	9.35	13.65	82.81	65.611	52.33
F-1 下	17.80	17.40	12.65	9.45	9.55	14.70	86.87	76.049	56.04
F-2 上	12.45	12.00	10.10	8.55	9.45	13.65	82.41	64.35	51.97
F-2 下	15.40	17.55	13.55	9.80	10.40	14.65	86.35	73.74	55.98
F-3 上	13.50	12.05	9.90	9.30	10.90	14.75	81.01	60.27	51.34
F-3 下	15.65	15.35	12.55	9.25	10.10	14.30	86.14	72.39	54.63

表4-47 负压试验烧结料层透气性

编 号	料层负压/mmH₂O	透气性指数
F-1	1170	0.036773
F-2	1193	0.036346
F-3	1157	0.03702

由表4-45和图4-29(a)可以看出，在烧结条件及料层透气性基本不变的情况下，随着烧结负压的增大，烧结时间明显变短，垂直烧结速度加快。从图4-29(b)的成品率图可以看出，随着烧结负压增大，烧结矿成品率都能维持在较高水平，其中下层烧结矿的成品率数值变化不大，5mm以上成品率能够达到86%以上，10mm以上的也能达到72%以上；上层烧结矿成品率减少趋势比较明显，这是由于随着烧结过程负压的提高，烧结时间变短，垂直烧结速度变快，上部料层高温时间也就相应缩短，从而影响的液相的生成量，使烧结矿成品量减少；下部料层由于烧结过程的自动蓄热作用，料层温度能够充分达到烧结液相生成要求，因此成品率的变化不明显。

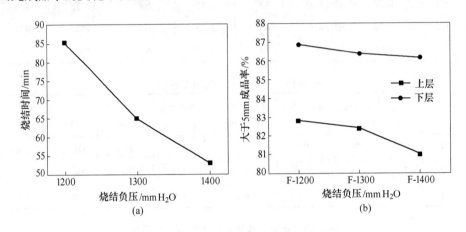

图4-29 烧结时间和烧结成品指标
(a) 烧结负压与时间关系；(b) 烧结负压与成品率关系

负压试验烧结矿冶金性能见表4-48。

表4-48 负压试验烧结矿冶金性能

编 号	$RDI_{+3.15}$/%	$RDI_{+6.3}$/%	RI/%
F-1	56.76	41.10	72.59
F-2	63.38	45.25	67.87
F-3	70.06	55.53	64.75

从图4-30(a)和(b)可以明显看出，随着烧结过程负压的提高，烧结矿的转鼓强度变差，低温还原粉化性能有明显的提高。这是由于在固定碳含量保持不变的前提下，负压的提高使得烧结过程的经过料层的速度过快，烧结混合料中的物理化学反应不能充分的进行，液相生成不充分，同时，料层内部的固体燃料没有得到充分燃烧，使得烧结过程的氧化性气氛减弱，还原性气氛增强，增加了FeO的生成量，提高了低温还原粉化性能，由于氧化的不充分，使得烧结矿铁酸钙相

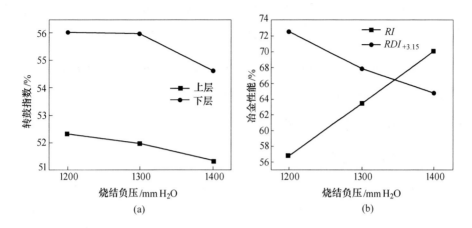

图 4-30 负压试验烧结矿冶金性能

（a）烧结负压与转鼓指数关系；（b）烧结负压与冶金性能关系

含量降低，抑制了烧结矿的还原性。

表 4-49 和图 4-31 表示了随着烧结抽风负压的增大，酸碱混合烧结矿的荷重软化性能。

表 4-49　负压试验荷重软化性能

编　号	$T_{10\%}$/℃	$T_{40\%}$/℃	ΔT/ ℃
F-1	1228	1296	68
F-2	1230	1307	77
F-3	1228	1301	73

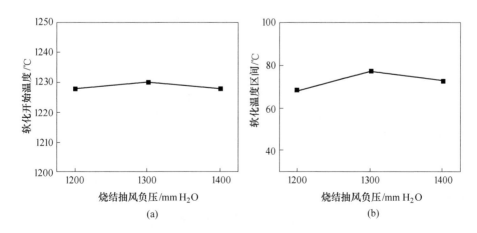

图 4-31　负压试验荷重软化性能

（a）烧结负压与软化开始温度关系；（b）烧结负压与软化温度区间关系

　　从图4-31(a)和(b)可以看出,随着烧结抽风负压的增加,混合烧结矿的荷重软化性能都比较优秀,其软化开始温度均处于1228~1230℃区间,软化区间也都小于80℃。

　　因此,综合考虑烧结矿的成品率,冶金性能以及承钢现场生产设备条件,酸碱超厚料层烧结的最佳烧结负压为1300mm水柱。

4.4　酸碱超厚料层烧结传热特点

4.4.1　烧结料层分带原理

　　烧结过程是一个非常复杂的物理、化学反应过程,包括固体燃料的燃烧、水分的蒸发与冷凝、混合料的氧化还原、烧结过程中料层的气体运动、透气性变化、燃料燃烧带来传热以及温度分布变化、烧结过程中固相的固结、液相的生成以及冷凝等,这些反应需要物理化学、传热学、流体力学和结晶矿物学等进行解释研究。

　　对于烧结料层,如果在中间取一单元层进行分析,则单元层经历的烧结果成为:

　　(1)混合料接受高温饱和废气中的水分,料层水分提高,逐渐形成过湿带。

　　(2)当废气水分由饱和过渡到不饱和时,烧结混合料开始干燥。

　　(3)料层水分基本干燥时料层预热结束,当料层温度达到固体燃料着火点时,开始进入燃烧带。

　　(4)焦粉燃烧,大量放热,料层温度迅速升高,进入烧结过程。

　　(5)料层达到最高温度以后,烧结基本结束,料层冷却,固结成成品烧结矿。

　　烧结料层中温度变化,是烧结料物理和化学变化的推动力,历来为烧结工作者所重视。正在进行烧结的料层,根据温度高低和其中的物理化学变化,为了便于分析讨论,人为地将它从上到下分为五个带,即烧结矿带、燃烧带、干燥预热带、过湿带和原始烧结料带。

　　(1)烧结矿带:烧结矿带出现在烧结料层的最上层,在烧结矿带中烧结过程产生的主要发生液相冷凝,矿物析晶,空气经过此带发生对流热交换温度升高。

　　(2)燃烧带:料层温度到达700℃后,混合料中的固体混合料(以焦粉为主)开始燃烧,产生大量的热,使得料层温度快速升高。燃烧带对生成的烧结成品矿的产量和质量有很大影响。在燃烧带主要发生烧结混合料的故固相反应、液相熔融反应。

　　(3)预热干燥带:经过烧结矿带和燃烧带预热的空气,温度显著升高,达到100℃以上,使得燃烧带下层物料中的石灰石开始分解,水分(包括混合料中加入的水、铁矿石中的结晶水等)蒸发,空气将水蒸气带入下层混合料中。

（4）过湿带：从上层干燥预热带中下来的高温空气含有大量的水蒸气，经过原始混合料层后，得到冷却，达到水蒸气的露点温度（60～65℃），烧结废气中的水蒸气冷凝进入混合料，使得过湿带混合料的水分大于原始混合料水分。

（5）原始烧结料带：此带位于料层最下部，不发生物理化学反应，性质稳定。

4.4.2 传热模型的建立

4.4.2.1 烧结料层传热、传质分析

烧结生产过程中，由抽风机抽动的自上而下经过的空气与烧结料层产生的强烈的热交换是传热主要推动因素。由于料层中发生强烈的传热过程，狭窄的燃烧沿着烧结料层高度方向自上而下迁移，直到达到料层底部，最终完成烧结过程。在气—固热交换的同时，伴随着各种吸热和放热的物理化学反应，使得烧结过程处于热量平衡状态。

烧结过程的传热通过多种途径进行[14]，图 4-32 所示为烧结过程各相间的传热示意图，箭头方向为热量传递方向。

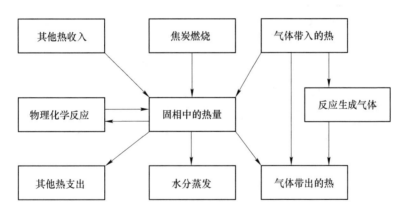

图 4-32　烧结过程传热示意图

固相热收入主要包括：

（1）固体燃料燃烧放出的热量即混合料中焦炭燃烧热。

（2）气体燃料燃烧放出的热量，主要为烧结点火放热。

（3）烧结过程各种物理化学反应放出的热量，主要包括硫化物的氧化反应；低价铁氧化物的氧化反应；岩相生成热，如硅酸钙、铁酸钙、硅酸铁及铁硅钙橄榄石等生成热；生石灰消化放热。

（4）其他热收入：原料带入的显热，包含热返矿带入的热及蒸汽预热混合料带入的热，空气带入的热，原料中配有钢铁厂内循环物料所带入的固定碳燃烧放出热量，利用冷却机废气作助燃空气时带入的显热等。

烧结过程的热支出：

（1）水分蒸发所需要的热量。

（2）烧结过程吸热的物理化学反应：如碳酸盐分解的吸热反应、结晶水分解的吸热反应、三价铁的部分还原及分解反应等。

（3）其他热损失：成品烧结矿和返矿带走的热。烧结烟气和冷却机废气带走的热，设备及烧结过程表面的散热，设备冷却水及粉尘带走的热量以及燃料的不完全燃烧造成的热损失等。

烧结过程的传质如图 4-33 所示，主要是由于空气通过料层所发生的化学反应，包括料层水分的蒸发与冷凝、焦炭燃烧消耗氧气释放出二氧化碳、石灰石分解释放二氧化碳。

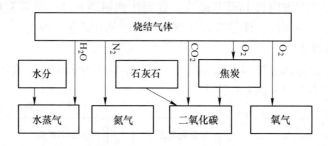

图 4-33　烧结过程传质示意图

4.4.2.2　传热温度分布模型的条件及假设

如图 4-34 所示，在烧结杯试验过程中，整个烧结料床包含有气相和固相，其中可以把固相当做由铁矿、燃料、熔剂以及其他成分组成的均匀介质。随着烧

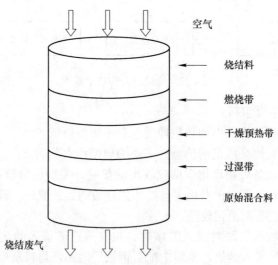

图 4-34　烧结杯试验气体流向及料层示意图

结的进行，空气从料层上部进入，同时随着热传递的进行以及氧化还原反应的发生，自上而下分为烧结矿带、燃烧带、预热干燥带、过湿带和原始料层。因此，在建立模型的时候，根据不同料层的物理化学性质、状态以及传热特点，分别建立气固相平衡方程。

为了简化微分方程的表达与求解，对烧结过程作出如下假设条件：

（1）烧结过程的气流运动是一维的，即在垂直方向自上而下运动。

（2）烧结过程的气象组成是在理想状态下的。

（3）扩散作用很小，可以忽略。

（4）烧结过程是绝热的。

（5）不考虑料层的收缩。

（6）烧结过程中固相内部温度与表面温度一致。

（7）不固体颗粒内的温度梯度。

初步研究表明，对流传热是烧结过程热量传递的主要途径。因此，对于气象而言，可以认为在水平方向上的热状态是一致的。同理，在建立固相的能量平衡方程式，可以忽略固相间的热辐射，且在水平方向的热状态是一致的。

4.4.2.3 模型基本方程的推导

模型的基本方程包括局部固相物质平衡（包含气相和固相中的所有物质）、热平衡（包括气相和固相间的热平衡）和气相动量平衡（依据 Ergun 差分方程）。

O_2 质量平衡方程：

$$\frac{\partial}{\partial x}uC_{O_2} + \varepsilon\frac{\partial}{\partial t}C_{O_2} = -r_{O_2}$$

CO_2 质量平衡方程：

$$\frac{\partial}{\partial x}uC_{CO_2} + \varepsilon\frac{\partial}{\partial t}C_{CO_2} = r_{O_2}$$

气相中 H_2O 的质量平衡方程：

$$\frac{\partial}{\partial x}uC_{H_2O} + \varepsilon\frac{\partial}{\partial t}C_{H_2O} = r_{H_2O}$$

气象总质量平衡方程：

$$\frac{\partial}{\partial x}u\rho_g + \varepsilon\frac{\partial}{\partial t}\rho_g = M_C r_{O_2} + M_{H_2O}r_{H_2O}$$

固相中 C 的质量平衡方程：

$$\frac{\partial}{\partial t}\rho_C = -M_C r_{O_2}$$

固相中水的质量平衡方程：

$$\frac{\partial}{\partial t}\rho_{H_2O} = -M_{H_2O}r_{H_2O}$$

固相中石灰石（$CaCO_3$）的质量平衡：

$$\frac{\partial}{\partial t}\rho_{CaCO_3} = -M_{CaCO_3}r_{CaCO_3}$$

固相中整体的质量平衡方程：

$$\frac{\partial}{\partial t}\rho_s = -M_{CaCO_3}r_{CaCO_3} - M_Cr_{O_2} - M_{CaCO_3}r_{CaCO_3}$$

Ergun 差分方程[15]：

$$-\frac{\partial P}{\partial x} = 150\frac{(1-\varepsilon)^2}{\varepsilon^3 d_e^2}\mu u + 1.75\frac{1-\varepsilon}{\varepsilon^3 d_e^2}\rho_g u^2$$

4.4.2.4 传热模型基本方程的建立

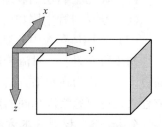

如图 4-35 所示，在烧结料层内取一微小单元体 $dV = dxdydz$，在 dt 时间段内，分别对气体和固体颗粒进行热平衡计算，分别得出气相能量平衡方程式 (4-1) 和固相能量平衡方程式 (4-2)。

图 4-35　烧结料单元体示意图

$$G_gC_g\left(\frac{\partial T_g}{\partial x} + \frac{\partial T_g}{\partial y} + \frac{\partial T_g}{\partial z}\right) + \rho_g\varepsilon C_g\frac{\partial T_g}{\partial t} + hS(T_g - T_s) = Q_g \qquad (4-1)$$

$$v_s\rho_s(1-\varepsilon)C_s\left(\frac{\partial T_g}{\partial x} + \frac{\partial T_g}{\partial y} + \frac{\partial T_g}{\partial z}\right) + \rho_s(1-\varepsilon)C_s\frac{\partial T_s}{\partial t} + hS(T_g - T_s) = Q_s \qquad (4-2)$$

式中　G_g——气体的质量流速，$kg/(m^2 \cdot s)$；

ρ_s——固体的密度，kg/m^3；

C_g——气体的比热容，$J/(kg \cdot K)$；

C_s——固体的比热容，$J/(kg \cdot K)$；

ε——气体气孔率；

v_s——固体流速，m/s；

h——对流传热系数，$J/(m^2 \cdot s \cdot K)$；

S——烧结料层内颗粒的总比表面积，m^2/m^3；

T_g——气体物料的温度，K；

T_s——固体的温度，K；

Q_g——烧结过程气相反应热，$J/(m^2 \cdot s)$；

Q_s——烧结过程固相反应热，$J/(m^2 \cdot s)$。

其中，由参考文献 [16] 可知，料层孔隙率计算公式如下：

$$\varepsilon = 1 - (\rho_{堆} / \rho_{真})$$

$$S = 6(1 - \varepsilon) / d_s$$

式中 $\rho_{堆}$——烧结料堆密度，kg/m³；

$\rho_{真}$——烧结料真密度，kg/m³；

d_s——烧结混合料平均粒径，m。

在气相能量平衡方程中，等号左边第一项为气体在单位微元体的竖向、横向和纵向上的热传递项，第二项为气相在烧结料层中的蓄热项，即热量累积项，第三项为烧结过程中的气—固相间的热交换项。等式右边的为烧结过程发生的气相反应热。

在固相能量平衡方程中，等号左边的第一项为烧结过程中固体物料在单位微元体的竖向、横向和横向上的热传递相，第二项为固相中的反应累积相，第三项为烧结过程中的气—固相间的热交换项。等式右边的为烧结过程发生的固相反应热。

对于烧结杯试验中的料层来说，在单位时间 dt 内，忽略固相烧结反应过程中竖向与横向上的传热是合理的，即在等式中可以使 $\dfrac{\partial T_s}{\partial x} = \dfrac{\partial T_s}{\partial y} = 0$；同理，忽略气相烧结反应过程中竖向与横向上的传热也是合理的，即在等式中可以使 $\dfrac{\partial T_g}{\partial x} = \dfrac{\partial T_g}{\partial y} = 0$；同时，把烧结过程看做处于静止状态的不稳定传热来分析，且认为在烧结试验过程中烧结料层的收缩忽略不计，因此固体流速 $v_s = 0$；由于烧结过程中的蓄热作用主要是由气体由上向下传递，因此认为 $\dfrac{\partial T_s}{\partial t} = 0$。

于是，式（4-1）和式（4-2）就可以简化为式（4-3）和式（4-4）：

气相能量平衡方程：

$$G_g C_g \frac{\partial T_g}{\partial z} + \rho_g \varepsilon C_g \frac{\partial T_g}{\partial t} + hS(T_g - T_s) = Q_g \qquad (4-3)$$

固相能量平衡方程：

$$\rho_s (1 - \varepsilon) C_s \frac{\partial T_s}{\partial t} + hS(T_g - T_s) = Q_s \qquad (4-4)$$

A 烧结矿带

对于烧结矿带，根据建立数学模型时的假设，忽略烧结矿内部的吸热和放热的化学反应，只在烧结料层上部进入的空气与热烧结矿之间发生对流热交换。因此，烧结过程中烧结矿带的气、固相能量平衡方程如下：

气相能量平衡：

$$G_{g}C_{g}\frac{\partial T_{g}}{\partial z} + \rho_{g}\varepsilon C_{g}\frac{\partial T_{g}}{\partial t} + hS(T_{g} - T_{s}) = 0 \tag{4-5}$$

固相能量方程：

$$\rho_{s}(1 - \varepsilon)C_{s}\frac{\partial T_{s}}{\partial t} - hS(T_{g} - T_{s}) = 0 \tag{4-6}$$

式中　C_{g}——气体的比热容，J/(kg·K)；

C_{s}——固体的比热容，J/(kg·K)；

h——对流传热系数，J/(m²·s·K)。

邹志毅[17]根据混合物比热一般公式：

$$C_{p} = \sum_{i=1}^{n} X^{i}C^{i}P$$

同时根据气固相组成，推算出气固相表观比热如式（4-7）、式（4-8）所示：

$$C_{g} = 8.81 \times 10^{2} + 0.37T_{g} - 0.798 \times 10^{-5}T_{g}^{2} \tag{4-7}$$

$$C_{s} = 7.53 \times 10^{2} + 0.26T_{s} \tag{4-8}$$

在计算气固相间传热系数 h 时，采用 Ranz-Marshall 公式进行计算：

$$h = \frac{k_{g}}{d_{s}}[2.0 + 0.7(Re/\varepsilon)^{1/2}(Pr)^{1/3}]$$

$$k_{g} = 0.0244\left(\frac{T_{g}}{273.15}\right)^{0.82}$$

$$Re = d_{s}/(\mu\varepsilon)$$

$$Pr = C_{p}\mu/k_{g}$$

$$\mu = 1.72 \times 10^{-5} \times \left(\frac{T_{g}}{273.15}\right)^{1.5} \times \frac{386}{T_{g} + 113}$$

式中　k_{g}——气相传热系数，J/(m²·s·K)；

d_{s}——固相平均粒径，m；

Re——雷诺系数；

Pr——普兰德系数；

μ——气体黏度，kg/(m·s)。

B　燃烧带

在烧结过程中，燃烧带主要发生燃料颗粒（以焦炭为主）的燃烧以及碳酸盐（主要来自白云石和石灰石）的分解反应。

根据假设条件，燃烧带的气、固相能量平衡方程为：

气相能量平衡方程如下：

$$G_{g}C_{g}\frac{\partial T_{g}}{\partial z} + \rho_{g}\varepsilon C_{g}\frac{\partial T_{g}}{\partial t} + hS(T_{g} - T_{s}) = 0 \tag{4-9}$$

固相能量平衡方程如下：

$$v_{s}\rho_{s}(1 - \varepsilon)C_{s}\frac{\partial T_{g}}{\partial z} - hS(T_{g} - T_{s}) = R_{C}\Delta H_{C} + R_{C}^{*}\Delta H_{C}^{*} \tag{4-10}$$

式中 R_{C}——烧结过程焦炭颗粒燃烧速率，mol/min；

R_{C}^{*}——烧结过程碳酸盐分解速率，mol/min；

ΔH_{C}——焦炭燃烧焓，J/mol；

ΔH_{C}^{*}——烧结过程碳酸盐反应分解焓，J/mol。

C 燃料燃烧速率及燃烧焓的计算

烧结用固体燃料通常是指焦粉和无烟煤，其中焦粉以最主要也是最常见的，它们的发热量占烧结所需热量约90%。烧结料中的燃料所含的炭，在抽风点火后，当温度上升到700℃以上时即可着火。

在烧结过程中，焦粉呈颗粒状分散分布在原始料层中，其燃烧规律性介于单碳颗粒燃烧与焦粒层燃烧之间，固体碳的燃烧属非均相反应，其过程与未反应核模型类似，一般认为由下面的5个步骤组成：

(1) 气体中的氧扩散到固体燃料的表面。

(2) 气体中的氧分子被固体炭表面吸附。

(3) 被吸附的氧分子和炭发生化学反应，形成中间产物。

(4) 中间产物断裂，形成反应产物气体（CO 和 CO_2），并被吸附在炭的表面。

(5) 反应产物脱附，离开炭表面向气相扩散。

为了计算焦粉燃烧速率，假设上述的5个步骤中相界面上的化学反应速率最小。这样，整个焦炭燃烧反应速率就有步骤（3）控制。

焦炭总燃烧反应速率：

$$R_{C} = 4\pi r_{C}^{2}n_{C}k_{C}'C_{O_2}$$

式中 r_{C}——焦炭颗粒平均直径，m；

C_{O_2}——料层中氧气浓度，mol/m^3；

n_{C}——单位料层中焦炭颗粒数量；

k_{C}'——焦炭总反应速率常数，其计算公式为：

$$k_{C}' = \left(\frac{1}{0.5k_{f}} + \frac{1}{10.3k_{C}}\right)^{-1}$$

k_{C}——焦炭化学反应速率常数，计算见公式如下：

$$k_{C} = 3.9189 \times 10^{9}T_{s}^{0.5}\exp[-44000/(RT_{s})]$$

k_f——传质系数，计算见式如下：

$$k_f = 1.67 \times 10^{-4} \frac{Sh D_{CO_2}}{d_s}$$

Sh——舍伍德常数，计算方程如下：

$$Sh = 2 + 0.7 Re^{0.7} Sc^{1/3}$$

Sc——施密特常数，计算方程如下：

$$Sc = \mu / (\rho_g D_{CO_2})$$

D_{CO_2}——二氧化碳扩散系数，m^2/s，计算方程如下：

$$D_{CO_2} = 0.7178 \times 10^{-9} \times T_g^{1.75}$$

其他符号意义同前。

在本模型中，计算焦炭燃烧放热时，对真实的摩尔焓进行了修正，主要原因是考虑到本模型没有包括一些二次反应的热消耗。修正结果取 $\Delta H_C = -279500 J/mol$。

D　碳酸盐分解速率和分解焓的计算

本模型中考虑了烧结过程中碳酸盐的分解反应，烧结中的碳酸盐主要来自熔剂中的石灰石和白云石。碳酸盐的反应只消耗整个烧结过程能量的 2.5% 左右且 $CaCO_3$ 在 600℃ 左右就开始分解吸热，因此在本模型中，把碳酸盐的分解反应只当做简单的吸热反应处理。同时为了简化计算，把料层中的白云石当做石灰石处理。

烧结过程碳酸盐分解速率 R_C^* 计算[18]见式（4-11）和式（4-12）：

$$R_C^* = 1.75 \cdot 10^6 \cdot e^{-\frac{1.711 \cdot 10^5}{R T_s}} \left(m_{CaCO_3} - m_{CaO} \frac{M_{CaCO_3} P_{CO_2}}{M_{CaO} K_{eq}} \right) \tag{4-11}$$

$$K_{eq} = 6.272 \times 10^{12} \times e^{-\frac{1.711 \cdot 10^5}{R T_s}} \tag{4-12}$$

式中　P_{CO_2}——气体中二氧化碳的分压，Pa；

m_{CaCO_3}——混合料中碳酸盐含量，kg；

m_{CaO}——混合料中氧化钙含量，kg；

M_{CaCO_3}——碳酸钙摩尔质量，kg/mol；

M_{CaO}——氧化钙摩尔质量，kg/mol。

在本模型中，碳酸盐分解焓取值为 $\Delta H_C^* = 178.32 kJ/mol$。

E　预热干燥带

在建立预热干燥带的模型时，为了简便计算，假设水分蒸发汽化在 100℃ 时显著发生而且：

从气体得到的热 = 水的汽化量 × 水的汽化潜热

因此，预热干燥带中气相和固相的能量平衡方程可以表示为：

气相能量平衡方程：

$$G_g C_g \frac{\partial T_g}{\partial z} + \rho_g \varepsilon C_g \frac{\partial T_g}{\partial t} + hS(T_g - T_s) = R_{W1} \Delta H_W \qquad (4-13)$$

固相能量平衡方程：

$$\rho_s(1 - \varepsilon) C_s \frac{\partial T_s}{\partial t} - hS(T_g - T_s) = -R_{W1} \Delta H_W \qquad (4-14)$$

式中 R_{W1}——烧结料层水分干燥速率，kg/s；

ΔH_W——水的汽化潜热，J/kg。

在烧结过程中，水分的蒸发干燥可以分为以下几个阶段：

（1）预热阶段。当热气体与湿料接触时，在一段很短时间内，蒸发过程进行得较为缓慢，物料含水量没有多大变化，但物料温度却有了明显的升高，在这段期间内，热量主要消耗于预热混合料，直至传给物料的热量与用于汽化的热量之间达到平衡为止，这段时期通常称为预热阶段。

（2）等速干燥阶段。物料达到蒸发平衡的温度时，物料中的水分直线规律发生变化，水分以等速进行蒸发，这段时期通常称为等速干燥阶段，其特征在于物料表面上的蒸汽压可以认为等于纯液面上的蒸汽压，而与物料的湿度无关。这个阶段持续到物料达到所谓临界湿度为止。

当下行的废气到达干燥带后，加热混合料，气体的温度降低，水分很快蒸发，而当热量流入的速度一定时，固体的温度基本不变，废气传送的热量几乎全部用于蒸发潜热的需要，这时水分的蒸发速度也一定，用热平衡法可以求出等速干燥速度。

$$R_{W1} = \frac{hF(T_g - T_s)}{\Delta H_W}$$

水的潜热是和温度有关的函数，计算公式如下：

$$\Delta H_W = 308.741 \times (647.3 - T_{沸})^{0.35389}$$

式中 F——蒸发面积，m^2；

$T_{沸}$——沸点，K。

（3）降速干燥阶段。在达到临界湿度以后就进入降速干燥阶段，干燥速度逐渐变小，而物料逐渐被加热，气体与物料温度差较小。当达到所谓平衡湿度时，即气体中蒸汽分压与物料表面水的饱和蒸汽压达到平衡时，干燥速度等于零。

F 过湿带

从干燥带下来的废气，其中含有较多的水汽，由于气体与料层间的热交换作用将废气中热量的大部分传给冷料，自身的温度不断降低，致使水的饱和蒸汽压随之下降，其水蒸气分压大于物料表面上的饱和蒸汽压，废气中的水汽就开始在冷料表面上发生冷凝，导致烧结料层下部分物料含水量逐渐增加，超过烧结混合料的是以水分，从而形成所谓过湿带。

在烧结料表面，当废气中水汽开始冷凝时，由于气体的热量和水汽冷凝放出的潜热令冷凝带的烧结料被加热，这一层中水汽冷凝一直进行到干燥带排出的气体的温度和烧结料温度相接近的瞬间为止，即气体中的水气分压与烧结料表面温度的饱和蒸汽压相近为止。冷凝现象以后不再发生在该层中，废气中水蒸气的冷却和由此而发生的水蒸气冷凝转到下层混合料中进行。

湿空气中的水汽开始在料面冷凝的温度称为露点，即水气分压的湿空气在露点温度下达到饱和状态，露点温度 $T_{露点}$（K）计算公式如下：

$$T_{露点} = 293.4 + 324.6H - 594.1H^2 + 292.1H^3$$

式中　H——气体含湿量，kg/kg 干气体，经过计算烧结废气的露点约为 60℃左右。

过湿带的气、固相能量平衡方程如下：

气相能量平衡方程：

$$G_g C_g \frac{\partial T_g}{\partial z} + \rho_g \varepsilon C_g \frac{\partial T_g}{\partial t} + hS(T_g - T_s) = 0 \qquad (4-15)$$

固相能量平衡方程：

$$\rho_s (1 - \varepsilon) C_s \frac{\partial T_s}{\partial t} - hS(T_g - T_s) = R_{W2} \Delta H_W \qquad (4-16)$$

式中　R_{W2}——水分冷凝速率，kg/s，计算公式如下：

$$R_{W2} = \Delta H_W G_g \exp(X_{H_2O} - X^*_{H_2O})$$

$X^*_{H_2O}$——饱和空气中的水分含量，kg/s，有斯彼尔公式计算如下：

$$X^*_{H_2O} = \exp(-5.49269 + 0.054269 T_g)$$

为了便于模型计算，参考部分文献，在本模型中默认水分气化以及冷凝速度在数值上相同。

G　原始烧结混合料带

原始料层处于烧结料层的最下部，从原始料层通过的烧结废气温度较低，对原始混合料的温度影响较小。因此，此处烧结混合料的物理、化学性质很稳定。在本模型中，设定料层的温度为 30℃。

4.4.2.5　传热方程的求解

烧结料层传热模型的方程属于非稳态传热的一阶偏微分方程组，普遍的求解方法主要有有限元法、有限差分法和有限体积法。烧结传热方程的求解具有一定的难度，到目前为止，还没有见到成功解出其解析解的报道，求他们的数值解也具有一定的难度，主要是由于烧结料层的气固相比热容、气固相传热系数和燃烧发热值等参数在烧结反应过程中随着所求的气固相烧结温度随时变化，难以准确确定。龚一波等人[19]对烧结过程能量平衡方程进行简化，根据对烧结料层各带的分析，给出了各烧结带温度分布的解析形式。在此基础上，提出了垂直传热距离指数和水平传热距离指数，并使用这两个指数表示料层各温度场的同意表达式，由于方程的复杂性，彭坤乾[20]采用 C 语言编制了计算程序，在解法上采用有限差分的思想，应用 Adams 预测修正法，防止迭代过程发散，经过对方程数值解的求解，得到了较为准确的温度曲线，这种方法对偏微分方程数值求解以及计算机语言有较高的要求。刘斌等人[21]对烧结过程模型的参数进一步细化，采用商业 CFD 软件 Fluent 结合 C 语言编程用户自定义参数，对方程进行离散求解，得到了理想的计算模拟结果，如图 4-36 所示。

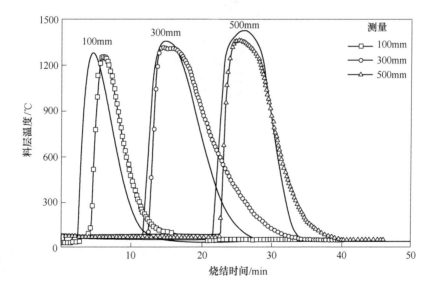

图 4-36　模拟计算温度曲线

由图 4-36 可以看出，由此可以看出料层温度的特点如下：

（1）越向下料层的最高温度值越大，最高温度达到 1400℃ 左右。

（2）床上部温度曲线较窄，越向下温度曲线越饱满。

（3）所有温度曲线在初期都保持一个较低的温度，约 60℃，而后开始突然升温。

（4）所有温度曲线都呈现出升温快，降温慢的特点，即开始升温的速率很快，到达最高温度后，降温的速率较为缓慢。

4.4.3　酸碱超厚料层烧结过程温度分布分析

4.4.3.1　酸碱超厚料层烧结过程料层温度的测量

在进行烧结试验过程中，对部分试验的烧结过程料层温度进行测量。温度测量装置如图 4-37 所示。

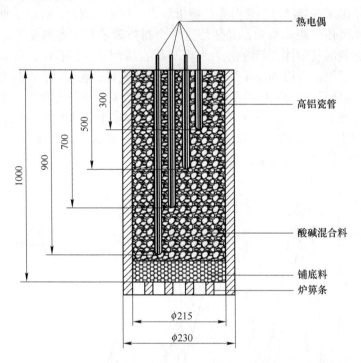

图 4-37　烧结测温示意图

在烧结过程中使用四根不同长度的热电偶分别测量 300mm、500mm、700mm 和 900mm 厚度处的料层温度随时间的变化情况，根据实验数据绘制出不同厚度处烧结料层温度变化曲线图，图 4-38 所示为固定碳含量为 4.2% 的试样 C-1 的烧结过程料层温度曲线。

由试验测得的温度分布曲线可以看出，酸碱超厚料层烧结料层的温度曲线与普通烧结基本一致，均是由低温迅速升高至高温，然后从高温迅速下降的过程，其温度在熔融带与凝固带之间达到最高，温度分布特点是：料层温度曲线随着烧结废气流动方向波浪式向前推移，并随着烧结过程的进行不断改变位置。

从图 4-38 可以明显看出随着烧结的进行，C-1 试验料层温度曲线呈波浪状，同时由于自动蓄热作用，料层越深，料层最高温度越高，高温持续时间相应延长，料层最高温度能够达到 1350℃。

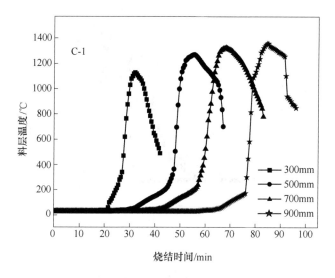

图4-38 C-1(固定碳含量4.2%)烧结温度曲线

料层最高温度沿床深度方向不断增大以及温度曲线变宽，这主要是因为空气进入料层后在床上部被预热造成的。在床上部，空气被预热的距离很短，因此当其到达火焰烽面参加焦炭燃烧反应时，温度较低，使得焦炭燃烧反应在较低的温度下进行，因此，获得最高温度也低。而在下部料层，空气被预热的距离很长，当它达到火焰烽面参加燃烧反应时，温度较高，使得焦炭燃烧反应可以在较高的温度下进行，这样可以达到较高的最高温度。

4.4.3.2 酸碱超厚料层烧结工艺优化

虽然酸碱混合烧结能够改善原始混合料层的透气性，但是由于超厚料层烧结的料层厚度达到了1000mm，在烧结过程中仍然会出现上下料层热量不均匀，热状态透气性差，下部过熔的问题。

为了改善上述问题，在试验过程中采取了降低配碳量、烧结料底层铺酸性球团和分层布料等方法。试验方案见表4-50。

表4-50 工艺优化试验方案

方 案	底层球团碱度	底层球团高度 /mm	球团含碳量 /%	粒度范围 /mm	备 注
D-1	底层无球团	0	0	0	混合料固定碳含量为3.8%
D-2	0.36	200	3(分层撒入)	8~10	无
D-3	0.36	200	3(分层撒入)	8~10	分层布料，上层300mm厚料层固定碳含量4.4%，下层为4.2%

优化试验过程料层温度变化曲线如图4-39所示。

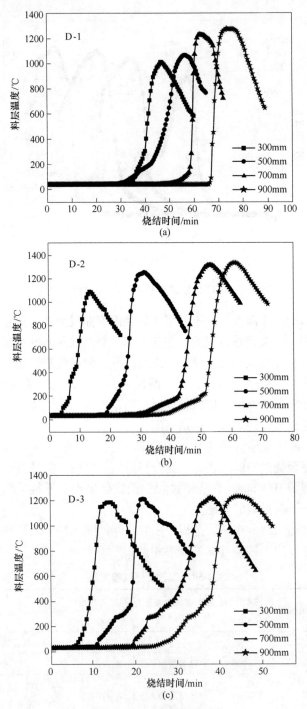

图 4-39 优化试验温度曲线

（a）底层无球团；（b）底层球团碱度为 0.36；（c）底层球团碱度为 0.36 且分层布料

从图 4-38 和图 4-39 可以看出，优化实验 D-1、D-2 和 D-3 与标准试验 C-1 不同厚度处料层温度变化曲线趋势大体相同，都是呈现波浪状，不同点主要包括三方面：

（1）燃烧带迁移速度。烧结过程中燃烧带的迁移速度是用来表征烧结机生产效率的重要参数之一[22]，一般规定料层火焰前锋速度来描述烧结带的迁移速度，本书定义火焰前锋温度为焦粉开始燃烧温度 700℃，即烧结料温度达到 700℃时说明此料层进入燃烧阶段，火焰迁移时间表示火焰前锋由某一料层迁移至下一料层所需的时间，用燃烧带所在料层的迁移距离（300mm、200mm、200mm、200mm）除以该距离所用的烧结时间，即可得到该层物料的火焰前锋速度。火焰前锋速度的大小是由该阶段烧结料层的热状态透气性决定的。测温试验火焰前锋速度见表 4-51。

表 4-51　火焰前锋速度

试验编号	火焰前锋速度/mm·min^{-1}			
	300mm	500mm	700mm	900mm
C-1[$w(C)4.2\%$]	10.53	10.00	16.39	11.76
D-1[$w(C)3.8\%$]	7.14	23.53	21.74	22.73
D-2[$w(C)4.2\%$]	28.57	12.27	10.26	25.00
D-3(分层布料)	27.78	21.98	15.50	30.77

由表 4-51 可以看出，C-1 的试验没有经过优化，在前 300mm 高度处的速度较慢，只有 10.53mm/min，随着烧结的进行，火焰前锋的燃烧速度变化不大；D-1 试验针对酸碱超厚料层烧结下层过融现象进行了优化，降低了配碳量，D-1 的初始火焰前锋速度为 7.14mm/min，而后火焰前锋速度明显加快，均能达到 20mm/min 以上，这是由于 D-1 试验的固定碳含量只有 3.8%，开始燃烧时上部物料的热损失较大，混合料中的焦粉无法充分燃烧，随着烧结的进行，上层物料的燃烧放出的热由空气带入下层物料，发生自动蓄热的现象，使得下层物料的热量增加，由图 4-38 和图 4-39 可以明显看出，C-1 的料层温度明显高于固定碳含量为 3.8% 的 D-1 试验，增加了烧结过程液相量的生成，致使烧结过程热状态透气性变差，烧结速度变慢；D-2 和 D-3 试验前 300mm 高的料层火焰前锋速度很快，是由于底层铺加酸性球团后改善了原始料层透气性，使得初始烧结速度加快，随着烧结的进行，两个试验火焰前锋的速度都是呈现先减缓，后加快的趋势，这是由于料层中下间部分的自动虚热作用，提高了料层温度，影响了热状态透气性，燃烧带到达 900mm 厚处，由于料层中全是 8~10mm 粒度的酸性球团矿，透气性优于酸碱混合烧结矿，因此烧结速度再次提高[23]。

（2）烧结熔融时间。烧结料的熔融时间是烧结过程的一项重要指标，研究[24]认为，烧结料温度高于1100℃时处于熔融状态，低于1100℃时表示烧结过程结束，即燃烧成矿前锋到达此料层，烧结矿的矿物组成和矿相结构基本不再变化。测温试验熔融时间见表4-52。

表4-52　不同厚度料层烧结熔融时间

试 验 编 号	熔融时间/min			
	300mm	500mm	700mm	900mm
C-1（C质量分数4.2%）	2.00	12.50	14.50	13.00
D-1（C质量分数3.8%）	—	—	7.00	11.00
D-2（C质量分数4.2%）	—	9.00	12.00	12.50
D-3（分层布料）	4.00	4.50	6.50	9.50

从表4-52不难看出，C-1试验的料层温度均能达到1100℃以上，由于自动蓄热作用，下层熔融时间较长；固定碳含量为3.8%的D-1试验，在300mm和500mm处料层温度均不能达到1100℃，主要原因就是料层发热量不足；D-2试验在300mm处的烧结温度没有达到1100℃是由于初始料层透气性好，上层烧结过程速度快，料层中的焦粉没有得到充分燃烧；D-3试验在底层铺加酸性球团（生球）的基础上，实行了分层布料，即将上部300mm高的混合料固定碳含量提高到4.4%，用来改善上层物料发热值不足，温度较低的问题，由表4-52可以看出，分层布料的优化试验在改善料层透气性的同时，不会对料层温度造成过大影响，料层温度能够达到1100℃的熔融温度，时间适宜，且下层所铺加的酸性球团不会出现结块的现象，均能生成质量较好的成品球团矿。

（3）料层最高温度。图4-40为酸碱超厚料层测温试验的最高温度。

烧结过程经历的最高温度是描述烧结过程的另一项重要参数。料层最高温度对烧结矿的矿相结构有较大影响，如果料层温度过高，铁酸钙相容易分解，同时

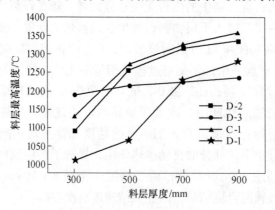

图4-40　测温烧结试验不同料层厚度料层最高温度

开始产生钙钛矿,从而破坏烧结矿的强度和低温分化性能;温度较低,不能产生足够的液相,影响烧结产量[25,26]。

通过图4-40可以明显观察到酸碱超厚料层烧结的料层温度存在上冷下热的现象,这出现主要是由于酸碱混烧原始料层透气性较好,在烧结料层上部的烧结速度较快,焦粉无法充分燃烧,影响发热量,当烧结反应到达料层中下部后,由于自动蓄热作用,料层温度明显升高,这从测温曲线的最高温度很容易看出。

由图4-40可以看出,当固定碳含量(质量分数)为4.2%时,在300mm厚度处料层最高温度能够达到1130℃,500mm处料层最高温度为1272℃,700mm为1326℃,900mm处能够达到1358℃,料层最高温度的上升趋势十分明显。料层固定碳含量为3.8%时,在300mm厚度处料层最高温度为1010℃,500mm处料层最高温度为1065℃,700mm为1230℃,900mm处能够达到1279℃。从测量结果中可以明显看出,由于混合料中固定碳含量的减少,料层最高温度明显降低尤其是300mm和500mm厚处料层最高温度均没有超过1100℃,因此造成烧结矿上层成品率较差,如图4-20所示,700mm和900mm处温度都能达到1200℃以上,给烧结过程液相的形成提供了足够的温度,因此下层物料的成品率变化并不是十分明显。这种现象是由于混合料中固定碳含量减少,造成上层物料发热值不足,使得料层温度较低,无法形成足够的液相,降低了烧结矿的成品率,随着烧结的进行,由于自动蓄热作用,下层物料温度升高的较为明显,为液相的形成提供了足够的热量,对下层烧结矿成品率的影响降低。

由表4-51可知,如果配碳量过低,会使得料层温度低于试验所用原料铁矿粉的同化温度,影响烧结矿质量,同时从图4-40和表4-52可以看出在1280℃下三种铁矿粉的液相流动性,当固定碳含量(质量分数)为4.2%时,下层烧结料的过热度过高,造成下层物料的过熔,在试验出料过程中十分明显的能够看到,800mm以下的烧结矿出料较为困难,产出的烧结矿过熔现象严重。需要对酸碱超厚料层烧结工艺进行进一步优化。

从图4-40中可以看出,在300mm厚度处,D-3试验的料层温度明显高于D-2试验,随着烧结的进行,在500mm、700mm和900mm处,D-2试验的料层温度升高趋势十分明显,且都高于D-3,说明D-3试验在改善了烧结热状态透气性,加快烧结速度的同时,也能够改善上冷下热的缺点,使得酸碱超厚料层烧结温度得到进一步的优化。

4.5 结论

(1)通过对试验所用三种铁矿粉的烧结基础性能检测,可以得出:普通精粉的各项基础性能都比较优秀,可根据承钢现场生产条件,适当提高其配比;含钒精粉是典型的中钛型钒钛磁铁矿,同化温度较高,同化性较差,其液相流动性适宜，黏结相强度较高，有利于增加烧结矿液相量，烧结矿强度；黑山钒粉的同化温度最高，同化性最差，液相流动性几乎为零，这些都不利于黑山钒粉在烧结过程中的液相反应；其黏结相强度也不是很高，在烧结配料中应酌情使用；随着碱度的增加，普通精粉的黏结相强度呈降低趋势；含钒精粉和黑山钒粉是先升高后降低，因此在烧结配矿时，为了提高烧结矿强度，应把碱度控制在适宜的范围。

（2）钒钛磁铁矿常规烧结存在着低温还原粉化严重，冷强度差的缺点，酸碱混合超厚料层烧结技术能够有效改善烧结矿质量，使得钒钛烧结矿的转鼓强度提高了 4~5 个百分点，成品率上升近 5 个百分点，还原粉化指数提高了 30%，烧结矿产量和质量均得到明显改善。

（3）在酸性球总含量 40% 左右，5~8mm、8~10mm，10~12.5mm 和大于 12.5mm 的酸性物料分别占酸性物料总量的 20%、25%、45%、10% 时，烧结矿成品的产质量最佳；碱度为 1.95 及 2.55 时，能达到较好效果，此时烧结矿冷强度及还原粉化性能最好，考虑高炉炉料综合碱度，碱度为 2.55 时候最佳。在酸性球配比为 30%~50% 范围内，加入的酸性物料小球越多，烧接料层的透气性越差，烧结矿的质量也同时下降，酸性球的成品率受到影响，当加入 40% 的生球时较佳；固定碳含量为 4.2% 时，烧结矿质量较好；烧结负压为 1300mmH_2O 时，烧结矿质量较好。厚料层烧结能更好的将热量传递给酸性球，生球基本都能烧透。

（4）分析了烧结过程中的传热及传质规律，根据烧结料层传热特点，建立了料层传热温度分布模型，推导出了基本传热方程，确定了方程的系数。同时进行了试验测温，同前人的计算结果进行比较，分析了料层测温试验的温度分布情况，发现酸碱超厚料层烧结存在着上冷下热，下层烧结料过熔的问题，提出了优化试验方案。优化试验采取底层铺加酸性球团矿和分层布料的方法，使得酸碱超厚料层温度状态得到改善。

参 考 文 献

[1] DEBRINCAT D, LOO C E, HUTCHENS M F. Effect of iron ore particle assimilation on sinter structure[J]. ISIJ Int. 2004, 44(8): 1308.

[2] 吴胜利，戴宇明，Dauter Oliveira，等. 基于铁矿粉高温特性互补的烧结优化配矿[J]. 北京科技大学学报, 32(6): 719~724.

[3] 张建良，苏步新，车晓梅，等. 若干国内外铁矿粉的同化性试验研究[J]. 过程工程学报, 2011, 11(1):97~102.

[4] WU Shengli, EIKI KASAI, YASUO OMORI. Effect of the constitution of granules on coalescing phenomenon and strength after sintering. Proceedings of the 6th International Iron and Steel Congress[J]. 1990, Nagoya, ISIJ int. : 15-20.

[5] EIKI KASAI, WU Shengli, YASUO OMORI. Influence of property of iron ores on the coalescing

phenomenon of granules during sintering. Tetsu-to-Hagana[J]. 1991, 77(1): 56-61.

[6] 吴胜利. 进口铁矿粉烧结液相生成特性的评价[J]. 钢铁, 1999, 34: 178~181.

[7] 吴胜利, 邱爱华, 刘宇, 等. 铁矿粉烧结黏结相自身强度的试验研究[C]. 2002 年全国炼铁生产技术会议暨炼铁年会文集, 2002: 403~406.

[8] BARNADA P. 现代高炉对烧结矿的质量要求[J]. 烧结球团. 1983, 6: 74~86.

[9] 陈同庆. 宝钢 450m² 大型烧结机的生产技术特点[J]. 钢铁. 1994, 29(6): 7~12.

[10] 刘正平. 邯钢 400 平方米烧结机的生产实践[C]. 新世纪 新机遇 新挑战——知识创新和高新技术产业发展(上册), 2001: 468.

[11] 李晓云, 肖洪, 刘鹏君, 等. 降低烧结矿低温还原粉化率[C]. 2007 中国炼铁年会文集. 2007: 3~31.

[12] 任立军, 安钢, 许树生. 首钢京唐提高烧结矿强度的公关实践[C]. 2010 年全国炼铁生产技术会议暨炼铁学术年会文集(上). 2010: 218~222.

[13] 贺淑珍, 高玲玲. 降低烧结矿低温还原粉化率的试验研究[J]. 钢铁研究. 2007, 35(5): 1~4.

[14] CHIN ENG LOO. Some Progress in Understanding the Science of Iron Ore Sintering[D]. ISS Technical Paper.

[15] YOUNG R W. Dynamic mathematical model of sintering proeess[J]. lron making and Steel making, 1977, 4(6): 32.

[16] PATISSON. F, BELLOT. J. P, ABLITZER. D, et al. Mathematical modelling of iron ore sintering process[J]. Iron Making and Steel Making, 1991, 18(2): 89-95.

[17] 邹志毅. 烧结水分迁移数学模型及计算机仿真[J]. 烧结球团, 1994, 25(2): 8~11.

[18] F. PATISSON, J. P. BELLOT, D. ABLITZER. Study of Moisure transfer during the strand sintering process[J]. Metallurgical and Materials Transactions, 1990, 27(1): 37-47.

[19] 龚一波, 黄典冰, 杨天钧. 烧结料层温度分布模型解析解及其统一形式[J]. 北京科技大学学报, 2002, 24(4): 395.

[20] 彭坤乾. 烧结料层温度场模拟模型和烧结矿质量优化专家系统的研究[D]. 长沙: 中南大学资源加工与生物工程学院, 2011.

[21] 刘斌, 冯妍卉, 姜泽毅, 等. 烧结床层的热质分析[J]. 化工学报, 2012, 65(5): 1344~1353.

[22] Xiaojie Liu, Qing Lv, Shujun Chen, et al. Formation of Hearth Sediment During Vanadium Titano-Magnetite Smelting in Blast Furnace NO. 7 of Chengde Iron and Steel Company[J]. Journal of iron and steel research, 2015, 22(11): 1009-1014.

[23] 刘小杰, 吕庆, 姜海滨, 等. 喷吹煤粉中氯元素在高炉风口区域的反应[J]. 东北大学学报(自然科学版), 2013, 34(6): 836~839.

[24] 白永强, 程树森. 钒钛烧结料床竖向不均匀烧结[J]. 北京科技大学学报, 2011, 6, 33(6): 694~701.

[25] 孙艳芹, 杨松陶, 吕庆, 等. 钒钛磁铁精矿分流制粒烧结中碱度的影响[J]. 东北大学学报(自然科学版), 2011, 09: 1269~1273.

[26] 孙艳芹, 王瑞哲, 吕庆, 等. TiO_2 质量分数对中钛型烧结矿质量影响的研究[J]. 中国冶金, 2013, 10: 6~9, 13.

冶金工业出版社部分图书推荐

书　名	定价(元)
新能源导论	46.00
锡冶金	28.00
锌冶金	28.00
工程设备设计基础	39.00
功能材料专业外语阅读教程	38.00
冶金工艺设计	36.00
机械工程基础	29.00
冶金物理化学教程(第2版)	45.00
锌提取冶金学	28.00
大学物理习题与解答	30.00
冶金分析与实验方法	30.00
工业固体废弃物综合利用	66.00
中国重型机械选型手册——重型基础零部件分册	198.00
中国重型机械选型手册——矿山机械分册	138.00
中国重型机械选型手册——冶金及重型锻压设备分册	128.00
中国重型机械选型手册——物料搬运机械分册	188.00
冶金设备产品手册	180.00
高性能及其涂层刀具材料的切削性能	48.00
活性炭-微波处理典型有机废水	38.00
铁矿山规划生态环境保护对策	95.00
废旧锂离子电池钴酸锂浸出技术	18.00
资源环境人口增长与城市综合承载力	29.00
现代黄金冶炼技术	170.00
光子晶体材料在集成光学和光伏中应用	38.00
中国产业竞争力研究——基于垂直专业化的视角	20.00
顶吹炉工	45.00
反射炉工	38.00
合成炉工	38.00
自然炉工	38.00
铜电解精炼工	36.00
钢筋混凝土井壁腐蚀损伤机理研究及应用	20.00
地下水保护与合理利用	32.00
多弧离子镀 Ti-Al-Zr-Cr-N 系复合硬质膜	28.00
多弧离子镀沉积过程的计算机模拟	26.00
微观组织特征性相的电子结构及疲劳性能	30.00